Veröffentlichungen des Königlich Preußischen Meteorologischen Instituts

Herausgegeben durch dessen Direktor

G. Hellmann

Nr. 253

Das

Meteorologisch-Magnetische

Observatorium

bei Potsdam

Mit 31 Abbildungen und 1 Tafel

Springer-Verlag Berlin Heidelberg GmbH

1912

Preis 3 ℳ

Additional material to this book can be downloaded from http://extras.springer.com

ISBN 978-3-662-24379-4   ISBN 978-3-662-26496-6 (eBook)
DOI 10.1007/978-3-662-26496-6

Vorwort.

Der Besuch des zum Königlich Preußischen Meteorologischen Institut gehörigen Meteorologisch-Magnetischen Observatoriums bei Potsdam und dessen Magnetischen Hilfsobservatoriums bei Seddin hat in den letzten Jahren so zugenommen, daß es erwünscht erschien, eine mit reichlichen Abbildungen versehene Beschreibung dieser wissenschaftlichen Anstalten zu besitzen, die den zu Studien- oder Forschungszwecken kommenden Gelehrten als Führer dienen kann.

Außer einer Erläuterung der gebrauchten Instrumente und der befolgten Beobachtungsmethoden aus der Feder der beiden Abteilungsvorsteher enthält das Büchlein zugleich eingehendere Hinweise auf die am Observatorium durchgeführten Untersuchungen und ihre Hauptresultate, deren Angabe vielen Besuchern auch später willkommen sein und hoffentlich manchen Nutzen stiften wird.

Aus der Geschichte des Observatoriums sei kurz Folgendes erwähnt:

Als 1885 das Königlich Preußische Meteorologische Institut vom Statistischen Bureau, in dem es seit 1847 als eigene Abteilung bestanden hatte, losgelöst und als selbständige Anstalt unter W. von Bezolds Leitung neu organisiert wurde, bestand von vornherein der Plan, neben dem in Berlin zu belassenden Zentralinstitut außerhalb der Großstadt auf freiem Gelände ein ausschließlich der Beobachtung und experimentellen Forschung gewidmetes Observatorium einzurichten. Nach eingehenden Erwägungen, bei denen praktische Gesichtspunkte mit den Ausschlag gaben, wurde dazu der fiskalische Wald auf dem Telegraphenberg bei Potsdam gewählt, dessen höchste Erhebung bereits seit 1876 das Königliche Astrophysikalische Observatorium einnahm. Zunächst begann man

1888 mit der Errichtung des Magnetischen Observatoriums, woran sich 1890 der Bau des Meteorologischen Observatoriums (Hauptgebäude mit den Arbeitsräumen und den Wohnungen) schloß. Sodann wurde 1897 noch ein besonderes Häuschen für die absoluten magnetischen Messungen konstruiert und schon 1906 beim Dorfe Seddin, 12 km südsüdwestlich von Potsdam, ein zweites magnetisches Observatorium erbaut, weil eingehende Versuche ergeben hatten, daß die Störungen durch vagabundierende Ströme der in Potsdam geplanten und 1907 eröffneten elektrischen Straßenbahn feinere Registrierungen unmöglich machen würden.

Berlin, im Oktober 1912.

G. Hellmann.

Das Meteorologische Observatorium.

Das Meteorologische Observatorium hat die Aufgabe, das Wesen der meteorologischen Phänomene zu erforschen und für eine möglichst vollkommene fortlaufende Aufzeichnung der Witterungserscheinungen zu sorgen. Demgemäß verfügt das Observatorium über eine ziemlich große Zahl von Instrumenten, von denen ein Teil dauernd in Betrieb ist, und deren Instandhaltung, Prüfung und Verbesserung sorgfältig überwacht wird, während die übrigen zu gelegentlichen Messungen und deren Vervollkommnung bereit ist. Die Registrierinstrumente sind zum großen Teile Spezialkonstruktionen von Professor Sprung, dem ersten Vorsteher des Observatoriums († 1909). Die instrumentelle Geschicklichkeit Sprungs, verbunden mit Beherrschung der theoretischen Grundlagen des Apparatenbaus haben eine Reihe äußerst geistreich durchdachter und von der Firma R. Fuess-Steglitz sorgfältig ausgeführter Instrumente von hoher Empfindlichkeit geschaffen, von denen die meisten hier in Tätigkeit sind und dem Observatorium sein besonderes Gepräge geben.

Zur Aufstellung der im Freien unterzubringenden Apparate dienen die Plattformen zweier dem Hauptgebäude aufgesetzten Türme, sowie eine 45 m südlich davon beginnende, rund 1200 qm große Beobachtungswiese. Bei Besichtigung des Geländes wird jeder Meteorologe sofort den Eindruck haben, daß die Lage am Rande einer Anhöhe inmitten von Waldungen und nicht fern von den seenartigen Erweiterungen der Havel für die klimatologische Verwertung der gewonnenen Beobachtungen und Registrierungen wenig günstig ist. Das ist auch tatsächlich der Fall, und die Ungunst der Lage ist wiederholt störend empfunden worden. Der tägliche Gang von Temperatur und Feuchtigkeit zeigt ein lokales Gepräge, und der Anemograph auf dem hohen Turm ragt in eine Luftschicht hinein, die im Winter das Maximum der Windgeschwindigkeit während der Nachtstunden aufweist. Bei der Erbauung des Observatoriums mußten jedoch die sachlichen Bedenken bezüglich der Lage zurücktreten hinter den Vorteilen, welche die räumliche Vereinigung mit den Anlagen der beiden gleichfalls auf dem Telegraphenberge befindlichen Institute — des schon 1879 errichteten Astrophysikalischen Observatoriums und des Geodätischen Instituts — sowie die Gelegenheit zum Meinungsaustausch mit den Gelehrten dieser Institute boten.

Auf den Figuren 1 und 2 ist das meteorologische **Hauptgebäude** abgebildet; Fig. 1 zeigt die Vorderfront (Ostseite), Fig. 2 die Nordseite, von

Fig. 1. Meteorologisches Observatorium, von vorn gesehen (Ostseite).

Fig. 2. Meteorologisches Observatorium, Nordseite.

einem etwas tiefer gelegenen, 160 m entfernten Standpunkte aufgenommen, um den Turm gut hervortreten zu lassen. Bezüglich der baulichen Einrichtung des Gebäudes möge hier nur folgendes erwähnt werden. Auf der Südseite befinden sich bis zum zweiten Stockwerke Wohnräume für Beamte; an der Nordseite liegen im Kellergeschoß ein kleines Laboratorium (hauptsächlich für chemische und Glasbläsearbeiten), daneben eine mechanische Werkstätte, sowie ein Schaltraum für die elektrische Anlage (dreiphasiger Drehstrom für 120 Volt Spannung) mit Quecksilber-dampf-Gleichrichter zum Laden einer Akkumulatorenbatterie von 28 Zellen zu je 60 Amperestunden Kapazität. Im Kellergeschoß sind außerdem noch eine photographische Dunkelkammer mit Vorraum und ein Zimmer mit Abdampfnische für kleinere analytisch-chemische Arbeiten und zur Aufbewahrung von Chemikalien. Im Erdgeschoß befinden sich drei Zimmer für meteorologische Zwecke und eines für die magnetische Abteilung. In diesem Zimmer, das zurzeit fast ausschließlich als Bureauraum dient, sind zur Vermeidung variabler magnetischer Einflüsse alle Teile eisenfrei gehalten.

Im ersten Stock sind auch an der Nordseite nur Wohnräume, und zwar für diejenigen drei wissenschaftlichen Hülfsarbeiter, welche die meteorologischen Terminbeobachtungen anstellen. Jeder von ihnen verfügt über ein Wohn- und ein Schlafzimmer. Das zweite Stockwerk enthält außer einer kleinen Wohnung für vorübergehenden Aufenthalt des Direktors des Meteorologischen Instituts ein Konferenzzimmer, eine Fachbibliothek (z. Zt. rund 4500 Nummern) und fünf Arbeitszimmer für die Beamten. Das Dachgeschoß, in dem sich vorwiegend Bodenkammern befinden, ist an der Südseite zu einem Vollgeschoß mit einem für optische Arbeiten geeigneten Raum von 5 m Höhe ausgebaut. Infolge dieser Höhe ragt er um $2^1/_2$ m über das flache Dach hinaus und bildet hier einen kleinen Turm mit einer Plattform von 5×8 m Größe zur Ausführung von Wolkenmessungen und optisch-meteorologischen Studien. An der Nordwestecke des Daches erhebt sich mit weiteren vier Stockwerken ein zweiter Turm, der oben vom Anemometer gekrönt wird. In diesem Turm liegen in Dachhöhe ein Arbeitszimmer mit Fenstern nach allen vier Himmelsrichtungen, darüber eine Dunkelkammer und ein Nebenraum für photographische Arbeiten bei Tageslicht, darüber ein hoher Beobachtungsraum, gleichfalls mit Rundblick nach allen Seiten und endlich noch ein niedriger, sogenannter Registrierraum mit dem Aufnahme-Apparat für das mechanisch registrierende Anemometer. Das Schalenkreuz dieses Instruments befindet sich 40.8 m oberhalb der an der Nordseite des Hauses 20 cm über dem Boden angebrachten Höhenmarke. Diese Höhenmarke liegt 81.06 m über NN und rund 50 m über dem Haveltal. Die Plattform des großen Turmes liegt 32 m, die des kleinen Turmes 21 m über dem Boden. Der Turm mußte so hoch gebaut werden, damit das Anemometer genügend frei steht und das auf dem physisch höchsten Punkte des Telegraphenberges schon früher erbaute Astrophysikalische Observatorium überragt.

Die Beschreibung der Instrumente beginnen wir am besten auf der **Beobachtungswiese.** Fig. 3 sowie der anhangsweise beigegebene Lageplan des ganzen Geländes zeigen diese Wiese mit drei **Thermometerhütten** nach dem System des Stevenson-Screen, jedoch etwas geräumiger als das Originalmodell. Die Innenmaße der mittleren, für die Terminbeobachtungen bestimmten Hütte betragen 63 cm Breite, 47 cm Tiefe und 51.5 cm Höhe mit einem kleinen Anbau von $30 \times 20.5 \times 30$ cm Größe. Die Anbringung der Instrumente zeigt Fig. 4. Zur direkten Ablesung dienen ein Psychrometer, dessen feuchtes Thermometer durch einen AssmannN'schen Aspirator ventiliert wird und ein Paar Extremthermometer. Unter der Decke der Hütte hängt ein Haarhygrograph, System RICHARD mit eintägiger Umlaufszeit ($1\%_0 = 0.8$ mm, eine Stunde $= 11$ mm Papierbreite), und in dem Anbau steht der registrierende Teil eines Thermographen, System RICHARD (Gradwert 2 mm, Stundenintervall 2.3 mm), dessen Gefäß in die Mitte der Hütte hineinragt. Für die jährlich erscheinenden Ergebnisse der Potsdamer Beobachtungen werden aus den hier erhaltenen Thermo- und Hygrogrammen Stundenwerte entnommen. Diese Daten werden auf die Terminablesungen um 7ᵃ, 2ᵖ und 9ᵖ reduziert, und es werden daraus die Korrektionen für die zwischenliegenden Stunden durch lineare Interpolationen erhalten.

Neben der Thermometerhütte ist ein kleiner Galgen zur Aufhängung eines AssmannN'schen Aspirationspsychrometers angebracht. Vergleichungen zwischen den Temperaturen in der Hütte und am Aspirationspsychrometer sind zweimal (1893 und 1903) ein ganzes Jahr durchgeführt worden, wobei sich ergab, daß die Hütte mittags im Winter durchschnittlich 0.1 bis 0.2⁰, im Sommer 0.3 bis 0.4⁰ zu hohe Werte liefert. In einer Gruppe aufeinanderfolgender sonnenscheinreicher Tage geht der Fehler mittags sogar durchschnittlich bis zu 1⁰ (Maximum 1.7⁰). Diese Thermometeraufstellungen, zusammen mit der Gehäuseaufstellung an der Nordseite des Observatoriums haben im wesentlichen das Material geliefert zu einer Studie des Direktors über Thermometeraufstellungen[1]). Die fehlerhaften Thermometerangaben auf der Wiese werden hauptsächlich durch zu starken Windschutz veranlaßt. Wie sehr die natürliche Ventilation auf der Beobachtungswiese gehindert ist, geht aus einer Untersuchung von BARKOW[2]) hervor, welcher nachwies, daß der Wind auf der Wiese in der Höhe der Thermometerhütten durchschnittlich nur 16% der vom Anemographen angezeigten Geschwindigkeit betrug. Man hat daher schon 1902 in einer zweiten Hütte (auf Fig. 3 links) einen ständig aspirierten FUESS_

---

[1]) G. HELLMANN, Über die Aufstellung der Thermometer zur Bestimmung der Lufttemperatur. 2.—4. Mitteilung. Bericht über die Tätigkeit des Kgl. Preuß. Meteor. Instituts i. J. 1909, S. 85—96; i. J. 1910, S. 57—64; i. J. 1911, S. 59—83.

[2]) E. BARKOW, Die natürliche Ventilation der Thermometeraufstellungen auf dem Meteorologischen Observatorium bei Potsdam. Bericht über die Tätigkeit des Kgl. Preuß. Meteor. Instituts i. J. 1909, S. 97—113.

Fig. 3. Beobachtungswiese, von Südost gesehen.

Fig. 4. Thermometerhütte.

schen Thermographen aufgestellt.   Die den Luftstrom ansaugenden Ex-
haustorscheiben werden mittels Spiraldrahts durch eine Wasserturbine
angetrieben, die 1 m unter der Erde — also frostfrei — in einem Holz-

bau eingesetzt ist. In der jetzigen Ausführung ist das Instrument trotz mancher Verbesserungen noch immer nicht völlig frei von Strahlungseinflüssen; es ist jedoch zu hoffen, daß dies durch eine nun vollendete Neukonstruktion, wobei ein Elektromotor als Antrieb dient, gelingen wird. Die dritte auf der Beobachtungswiese stehende Hütte enthält keine Thermometer, sondern einen Verdunstungsmesser, System WILD, der um 7ᵃ neu gefüllt und dessen Stand um 7ᵃ, 2ᵖ und 9ᵖ abgelesen wird.

Südlich von den Thermometerhütten ist eine 3 × 6 m große rasenfreie Fläche zur Messung von **Bodentemperaturen** eingerichtet. Zu dem Zweck ist das Feld bis zu 6 m Tiefe ausgeschachtet und mit durchgesiebtem Boden (fast reiner, etwas kiesiger Sand) wieder angefüllt worden. Fig. 5 läßt dieses Feld noch etwas deutlicher erkennen. Links (westlich) sieht man hier einen RICHARD'schen Bodenthermographen, dessen Thermometerkörper in 20 cm Tiefe eingegraben ist. Dieses Gefäß steht mittels eines engen, thermisch gut geschützten Rohres mit dem dicht an der Registriertrommel stehenden BOURDON-Gefäß in Verbindung; ein zweites BOURDON-Gefäß dient zur Kompensation der Temperatureinflüsse im Registrierkasten. In Potsdam wurde eine weitere Kompensation für die Änderungen im Zuleitungsrohr eingeführt. Gegen die größeren Temperaturstörungen ist der Registrierapparat durch zwei hölzerne, zum Teil noch mit Filz gefütterte Kästen geschützt, die auf dem Bilde abgenommen und seitlich aufgestellt sind.

In 2, 5, 10, 20, 50 cm, 1, 2, 4, 6 und 12 m Tiefe werden die Temperaturen direkt abgelesen, und zwar bis zu 1 m um 7ᵃ, 2ᵖ, 9ᵖ, in den Tiefen von 2, 4 und 6 m täglich um 2ᵖ, während für 12 m eine einzige Ablesung in jeder Woche (Montags) genügt. Die Thermometer bis zu 20 cm Tiefe sind direkt in den Boden eingegraben; das zylindrische Gefäß liegt flach in der Erde und der Thermometerstiel ist um 135⁰ gegen das Gefäß geneigt, ragt also schräg aus dem Boden heraus und läßt sich so bequem ablesen. Für Tiefen von 50 cm bis 6 m sind zwei Sätze von Thermometern an Holzstangen in Gebrauch, von denen der eine Satz in Schutzröhren von Ton, der andere in Neusilberröhren steckt. Die Schutzhülsen werden durch die herausziehbaren Holzstangen ausgefüllt, an deren unterem Ende sich die Thermometer befinden. Zur Verzögerung der Wärmeleitung beim Emporheben sind sie in Asbest eingepackt und von einer Kupferhülse umgeben. Für 12 m Tiefe war aus technischen Gründen nur die Verwendung von Neusilberrohr möglich; die darin befindliche Holzstange besteht aus zwei durch Bajonettverschluß verbundenen 6 m-Stücken. Zur Stütze der langen Thermometer beim Ablesen dient ein auf der Figur rechts sichtbarer, 5 m hoher Holzmast, der auf der Spitze und in 4 m Höhe eiserne Greifer trägt.

Fig. 5. Beobachtungsfeld für Erdbodentemperaturen.

Für Tiefen von 2 m an abwärts scheint es gleichgültig zu sein, ob man Ton- oder Neusilberrohr als Hülle nimmt. In den oberen Schichten wird das Thermometer in Neusilber etwas durch Wärmeleitung von oben beeinflußt, während die weiteren Tonrohre den Nachteil haben, daß sie mehr aperiodischen Störungen durch Luftströmungen und Feuchtigkeit ausgesetzt sind. Das Thermometerfeld wird von Schnee möglichst frei-gehalten, um nahezu einheitliche Verhältnisse der Wärmeleitung zu haben.

Von den Ergebnissen[1]) sei hervorgehoben, daß schon in 1 m Tiefe die mittlere tägliche Schwankung nur noch 0.1^0 beträgt bei einer Phasen-verschiebung gegen die Lufttemperatur von rund 20 Stunden. Hier in 1 m liegt auch ziemlich genau die Grenze, bis zu der der Frost bei schneefreiem Boden eindringt. Die Verschiebung der jährlichen Tem-peraturextreme und deren Abflachung nach unten erfolgt derartig, daß in 6 m Tiefe das Temperaturmaximum Ende Oktober, das Minimum Anfang Mai eintritt bei einer jährlichen Schwankung von 4^0. In 12 m Tiefe, wo die Temperatur nur zwischen 9.3 und 9.9^0 variiert, haben sich die Jahreszeiten bereits völlig umgekehrt: Mitte Februar ist es am wärmsten, Mitte August am kältesten.

Auf der Beobachtungswiese stehen ferner noch mehrere **Regenmesser**; zunächst der im preußischen Stationsnetz eingeführte Regenmesser, System HELLMANN, zur direkten Ablesung (Höhe der 200 qcm großen Auffang-fläche 1.2 m über dem Boden), dann ein mechanisch registrierender Regenmesser HELLMANN-FUESS[2]) mit ebenso großer Auffangfläche. Die Konstruktion ist aus Fig. 6 leicht ersichtlich. Das Regenwasser fließt in das Gefäß G und hebt dabei einen die Schreibfeder tragenden Schwimmer so lange, bis 200 ccm Wasser, entsprechend 10 mm Regenhöhe, in das Gefäß gelangt sind. In diesem Augenblick entleert sich G durch einen seitlich angebrachten Glasheber; die Schreibfeder geht auf Null zurück und der Schwimmer hebt sich von neuem. Dieser Apparat wird im Winter durch den HELLMANN'schen Chionographen[3]), bei dem nach dem Prinzip der Briefwage der Schnee gewogen wird, ersetzt (Fig. 6 a).

Mittels Wägung arbeitet auch ein von SPRUNG konstruierter Regen-messer[4]), der in einem besonderen kleinen Backsteinhäuschen auf der Wiese untergebracht ist. Die Registrierung erfolgt nach dem Prinzip der SPRUNG'schen Laufgewichtswage, indem an den kurzen Arm des Wage-balkens eine Stange gehängt ist, die oben einen flachen Teller, unten

[1]) R. SÜRING, Der jährliche Verlauf der Temperatur im Sandboden. Jahresbericht des Berliner Zweigvereins der Deutschen Meteor. Gesellschaft über das Jahr 1910. Berlin 1911, S. 13—21. DERSELBE, Temperaturanomalien im Sandboden. Jahresbericht für 1911. Berlin 1912, S. 13—27.

[2]) G. HELLMANN, Ein neuer registrierender Regenmesser. Meteor. Zeitschr. 14 (1897), S. 41—44.

[3]) G. HELLMANN, Ein neuer registrierender Schneemesser. Meteor. Zeitschr. 23 (1906), S. 337—339.

[4]) A. SPRUNG, Über die Registrierung winterlicher Niederschläge. Ergebnisse der Meteor. Beob. in Potsdam i. J. 1898. Berlin 1900, S. V—XIV. — DERSELBE, Die registrierende Lauf-gewichtswage im Dienste der Schnee-, Regen- und Verdunstungsmessung. Meteor. Zeitschr. 25 (1908), S. 145—154.

ein Gegengewicht trägt. Auf dem Teller steht das Auffanggefäß für
Niederschläge. Gewichtsveränderungen werden bei unveränderter horizontaler Lage des Wagebalkens durch ein Laufrad ausgeglichen, mit dem
die Schreibfeder verbunden ist. Die Vergrößerung ist infolge Benutzung
bereits vorhandener Teile beim Umbau eines Barographen zur Wage
keine gerade Zahl, sondern 23.3 fach. Bei der Breite der Registriertafel
von 30 cm würden somit günstig-
sten Falles nur 13 mm Regen aufgezeichnet werden, wenn nicht
während eines Niederschlags das
Laufrad bei seiner Wanderung
nach links am Rande der Schreibtafel durch einen Stromschluß ein
Uhrwerk auslösen würde, welches

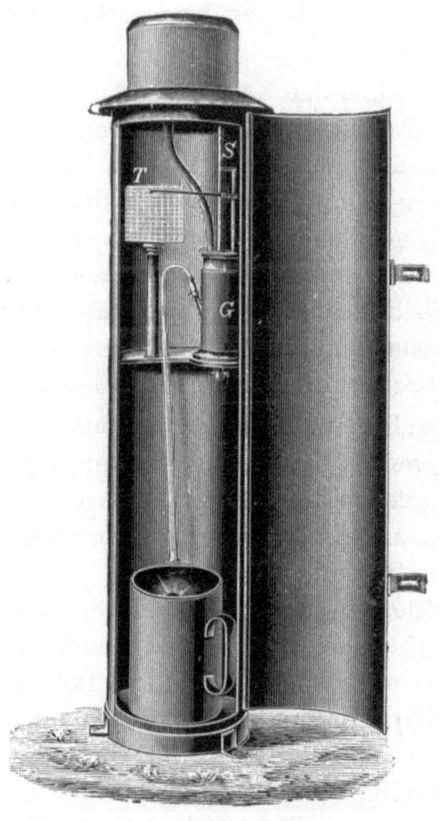

Fig. 6. Registrierender Regenmesser,
System Hellmann-Fueß.

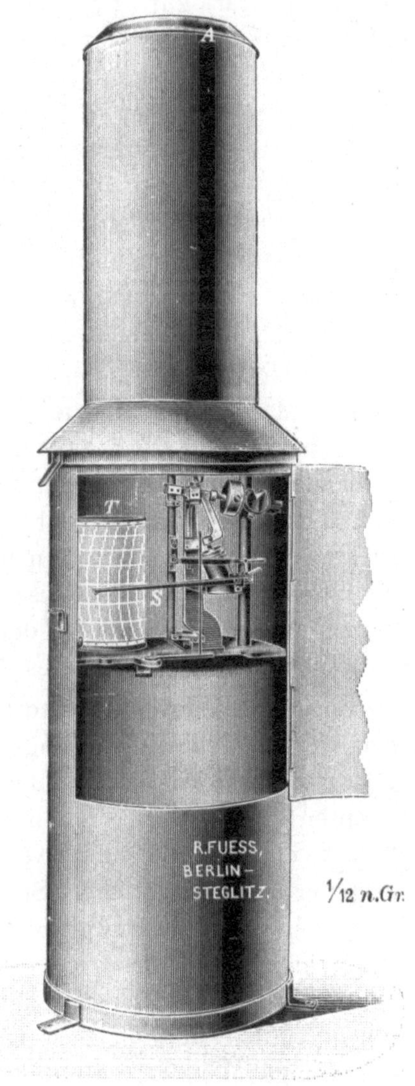

Fig. 6a. Registrierender Schneemesser,
System Hellmann-Fueß.

die links hängende Wageschale durch ein Zusatzgewicht beschwert und
das Laufrad wieder um etwa 20 cm nach rechts befördert. Diese Um-
schaltung kann dreimal hintereinander automatisch erfolgen. Damit bei

Schneefall oder Rauhreif ein Kleben des Auffanggefäßes an den Wandungen
vermieden wird, kann der Auffangkopf durch eine kleine Wasserheizung
erwärmt werden. Ursprünglich war der Apparat nur für Schneefall bestimmt, da bei sehr starken sommerlichen Regenfällen die Geschwindigkeit des Laufrades hinter der Geschwindigkeit der Gewichtszunahme
zurückbleibt; seine Verwendung ist jedoch, wenn ein anderer einfacherer
Registrierapparat zur Ergänzung vorhanden ist, auch im Sommer
empfehlenswert, da er sehr empfindlich ist und in regenfreien Zeiten als
Verdunstungsmesser dient, der namentlich zur Verfolgung der täglichen
Schwankungen geeignet ist. Der Apparat wird allerdings dadurch recht
kostspielig, daß die Laufgewichtswage gut gegen Temperatur- und Feuch-
tigkeitseinflüsse geschützt werden muß. Sie ist daher in einem halb
in die Erde eingebauten, doppelwandigen Häuschen aufgestellt, dessen
innere Wandung aus Zinkblech und dessen äußere Wandung aus Mauer-
werk besteht. Der 20 cm weite Zwischenraum zwischen beiden Wänden
ist mit Werg und Heu ausgefüllt.

Auf der Wiese befinden sich ferner noch einige Kästen für Versuchs-
apparate (Messung der Dauer und der Temperatur der Niederschläge),
zwei Steinpfeiler für gelegentliche Beobachtungen, zwei in den Rasen
eingelassene Zementplatten zur Bestimmung von Schneehöhe und Schnee-
dichtigkeit, und zwar sowohl des frisch gefallenen wie des am Boden
lagernden Schnees, sowie ein BESSONsches Nephoskop (Wolkenrechen).
Schließlich sind auf der Wiese noch die luftelektrischen Apparate, die
jedoch, um die Beschreibung der rein meteorologischen Ausrüstung nicht
zu stören, erst am Ende dieses Abschnittes besprochen werden sollen.

Bevor man das Observatorium selbst betritt, bemerkt man auf dem
Rasen vor dem Haupteingange noch zwei registrierende Regenmesser.
Der größere von ihnen mit einer Auffangfläche von 500 qcm gehört dem
bekannten SPRUNG-FUESS'schen System[1]) an (Fig. 7). Der Niederschlag
fällt auf eine Wippe mit zwei je 5 ccm fassenden Schalen, bei deren
Umkippen ein elektrischer Strom geschlossen wird. Diese Kontakte
können auf beliebige Entfernung hin — in diesem Falle im sogenannten
Instrumentenzimmer des Observatoriums — aufgezeichnet werden. Da der
Apparat nur flüssige Niederschläge registriert, muß die Auffangfläche automatisch regulierbar geheizt werden. Es ist eine Art Warmwasserheizung;
der Auffangtrichter ist nämlich doppelwandig, und dazwischen steigt die
in einem Vorratsgefäß angewärmte 30 prozentige Alkoholfüllung in einem
Schlangenrohr aufwärts und fließt dann in einem außerhalb frei liegenden
Rohre zurück. Die Größe der Heizflamme (Gas) wird durch ein offenes

---

[1]) A. SPRUNG und R. FUESS, Neue Registrierapparate für Regenfall und Wind, mit
elektrischer Übertragung. Zeitschr. für Instrumentenkunde 9 (1889). S. 90—98.

Alkoholthermometer mit vorgelegtem Quecksilbergefäß reguliert. In das Quecksilber taucht das Gaszuleitungsrohr mit einem Schlitz ein; je höher die Lufttemperatur steigt, desto höher steigt das Quecksilber und desto mehr wird von dem Gasrohr verschlossen, bis bei etwa 1⁰ Wärme nur so viel Gas zuströmen kann, daß eine kleine Wachflamme übrig bleibt. Der Wassergehalt des Gases läßt sich durch ein vorgeschaltetes Chlorcalcium-

gefäß beseitigen, dagegen ist die Ansammlung von Naphtharesten an den tiefsten Stellen der ziemlich langen Gaszuleitung unter der Erde manchmal eine recht unangenehme Störung, die sich meist nur durch Auspumpen des ganzen Rohrnetzes heben läßt. — Zur Kontrolle etwaiger Verluste des Niederschlags durch Verdunstung oder sonstiger Störungen ist ein gewöhnlicher Regenmesser, System HELLMANN, neben dem SPRUNG'schen Regenmesser, und in gleicher Höhe mit ihm, angebracht.

Der zweite auf dem Rasen vor dem Observatorium befindliche Registrierapparat ist ein von SPRUNG modifizierter GALLENKAMPscher Regenmesser [1]). Die Registrierung mittelst der Wippe ist nämlich nicht ganz unabhängig von der Intensität des Regens — die Wippe nimmt bei sehr starkem Niederschlag etwas mehr Wasser auf als bei schwachem —; GALLENKAMP vermeidet diese Fehlerquelle dadurch, daß er die aus einem kleinen Trichter abfließenden Regentropfen bei dem Auffallen auf ein

Fig. 7. Registrierender Regenmesser, System Sprung-Fueß.

[1]) W. GALLENKAMP, Über den Verlauf des Regens. Meteor. Zeitschr. 22 (1905), S. 1—10, 1 Tafel. — A. SPRUNG, Eine Vereinfachung des GALLENKAMP'schen Regen-Auffangapparats. Zeitschr. für Instrumentenk. 27 (1907), S. 340—343.

federndes Blech einen Strom schließen läßt; Sprung benutzt dagegen den Tropfen selbst als Kontakt. Unter dem Auffangtrichter sitzt ein S-förmig gebogenes Rohr mit Gipsstückchen — um das Wasser etwas elektrisch leitend zu machen —, aus dem Tropfen von etwa 0.12 ccm Größe zwischen zwei Platinbleche einer elektrischen Leitung fallen. Die Zahl der Stromschlüsse wird im Instrumentenzimmer des Observatoriums in derselben Weise aufgezeichnet wie die Kippungen der vorher beschriebenen Wippe. Dieser Tropfenzähler arbeitet ohne Zuhülfenahme eines Relais, nachdem die Wicklung des Elektromagneten am Registrierapparat entsprechend dünner (0.4 statt 0.2 mm) genommen worden ist. Die Schwierigkeit bei der Herstellung eines solchen Tropfenzählers liegt darin, die Platinbleche so zu formen, daß das Wasser nach erfolgtem Stromschluß sicher abtropft. Mit Ausnahme von vereinzelten Kurzschlußstörungen bei starken Gewitterregen ist das jetzt erreicht. In solchen Ausnahmefällen dürfte allerdings doch das federnde Blech Gallenkamps zu bevorzugen sein; es wurden neuerdings hiermit wieder Versuche aufgenommen, um die Intensität der Niederschläge zu ihrer elektrischen Ladung sicher in Beziehung setzen zu können.

Im **Hauptgebäude des Meteorologischen Observatoriums** stehen im Erdgeschoß drei Zimmer für meteorologische Zwecke zur Verfügung. Das kleinste, als Wachtzimmer bezeichnet, dient lediglich zur Vorbereitung der Beobachtungen, Aufbewahrung der hierzu erforderlichen Apparate u. dergl.; daneben ist ein größerer Raum mit Anschlüssen für Gas, Wasser, elektrischen Strom, der als Laboratorium zur Prüfung von Instrumenten und zu anderen experimentellen Arbeiten bestimmt ist. Hohe Glasschränke dienen zum Unterbringen der Apparate. Hier stehen auch zwei große **Pendeluhren**. Die eine (Bröcking Nr. 40), ein ausgezeichnetes Werk, das schon auf der deutschen Südpolar-Expedition 1882/83 gute Dienste geleistet hat, hat telephonische Verbindung mit einer Normaluhr des Kgl. Geodätischen Instituts, so daß deren Sekundenschlag gehört werden kann. Da zur vollen Minute der Sekundenschlag ausbleibt, so ist die Korrektion schnell zu bestimmen. Telephonanschlüsse an die Uhren des magnetischen Variationshäuschens, des magnetischen „absoluten" Häuschens und des magnetischen Hilfsobservatoriums in Seddin gestatten wiederum, diese Uhren nach „Bröcking" zu regulieren. Die zweite Pendeluhr im Laboratorium, von Th. Wagner-Wiesbaden bezogen, ist von wesentlich stärkerer Bauart als „Bröcking", da sie auf elektrischem Wege drei im Observatorium verteilte „sympathische" Uhren mit lautem Sekundenschlag nach dem System Grau-Wagner in synchronem Gang hält; außerdem werden die Minutenkontakte nach den Sprung'schen Barographen übermittelt, um deren Quecksilbersäule in gleichen Intervallen zu erschüttern. — Vor einem der nach Nord ausschauenden Fenster des Laboratoriums ist ein Thermometergehäuse angebracht, in welchem sich außer Thermometern zur direkten Ablesung auch ein Thermograph, System ¡Richard, mit achttägigem Umlauf befindet.

In der Nordwestecke des Erdgeschosses liegt das sogenannte Instrumentenzimmer (Fig. 8) mit einer größeren Zahl von Registrierapparaten

Fig. 8. Instrumentenzimmer.

zu dauerndem Gebrauch. Die wertvollsten Stücke sind hier zwei **Lauf-gewichtsbarographen, System Sprung-Fuess** (Fig. 9)[1]. Bei beiden Apparaten entspricht 1 cm des Registrierblatts in der Abszisse 1 mm Queck-silberdruck und 1 cm der Ordinate dem Intervall von einer Stunde. Hinsichtlich der Konstruktion bestehen nur kleine Verschiedenheiten; bei dem neueren von beiden Apparaten besorgt ein einziges Uhrwerk sowohl die Bewegung der Schreibtafel als auch die Drehung einer Spindel, welche den Wagen des Laufgewichts führt, während bei dem älteren, etwas empfindlicheren Barographen die Spindel durch ein Seidenband ersetzt ist, das durch zwei geriefelte, von einem besonderen Uhrwerk gedrehte Räder fortbewegt wird. Die Form des Barometerrohres ist bei beiden Instrumenten die gleiche: oben ist das Rohr zu einer Kugel aufgeblasen, um etwa noch vorhandene Luft auf einen größeren Raum zu verteilen, und etwas darunter ist eine zweite Erweiterung, um den Einfluß der Temperatur auf das Gewicht des Quecksilbers zu kompensieren. Die Genauigkeit der Registrierung ist den

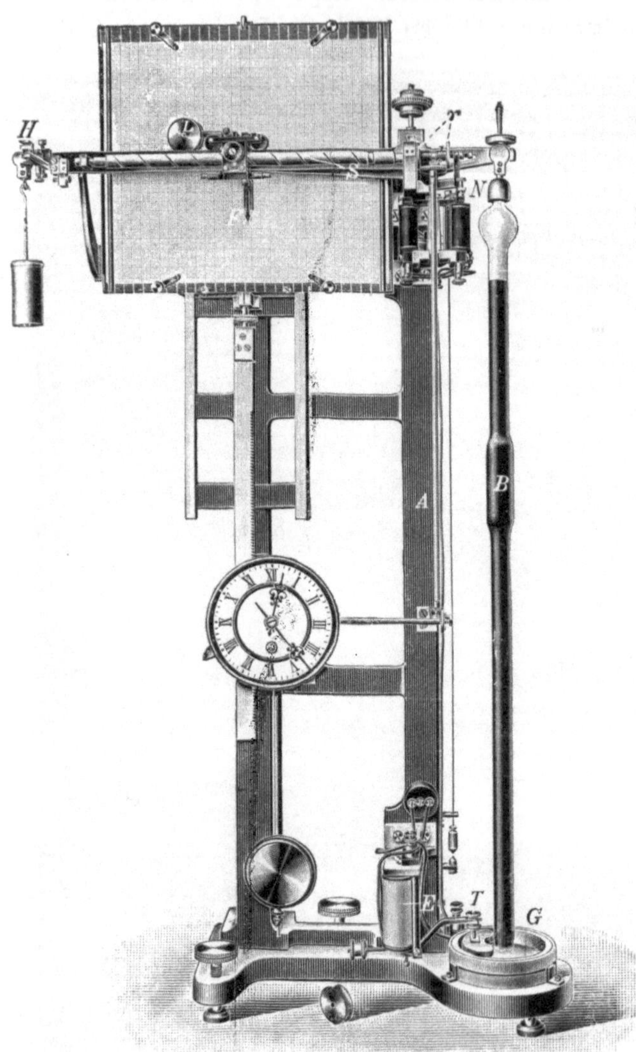

Fig. 9. Sprung'scher Laufgewichtsbarograph.

[1] A. Sprung. Wagebarograph mit Laufgewicht. Zeitschr. der österr. Ges. f. Meteor. 16 (1881), S. 1—4; ferner: Kurze Beschreibung mit besonderer Berücksichtigung der Temperaturkompensation in »Ergebnisse der Meteorolog. Beob. in Potsdam i. J. 1893.« Berlin 1896, S. XI—XIV. Ergänzung hierzu und theoretische Betrachtungen in Zeitschr. f. Instrumentenk. 25 (1905), S. 37—45, 73—82 und im Hann-Band der Meteorolog. Zeitschrift. Braunschweig 1906. S. 80—86.

direkten Ablesungen an einem guten Quecksilberbarometer ungefähr gleichwertig. Es werden daher die registrierten Werte auch nicht auf die täglich angestellten direkten Ablesungen reduziert, sondern diese Vergleichungen dienen nur dazu, um eine mittlere Korrektion für die 4 bis 8 auf einem Blatte vereinigten Tageskurven abzuleiten. Diese Korrektion wechselt infolge ungleichmäßigen Auflegens des Papiers oder Verwerfung desselben durch Feuchtigkeit nur um wenige hundertstel Millimeter von Blatt zu Blatt. Zur Luftdruckmessung sind ferner noch ein WILD-FUESS'sches Gefäßheberbarometer von 15 mm Durchmesser mit Mikrometern zum Bestimmen der oberen und unteren Kuppenhöhe, ein Gefäßbarometer mit reduzierter Skala (sogen. Stationsbarometer) und ein kleiner RICHARD'scher Aneroidbarograph vorhanden.

Das Instrumentenzimmer enthält außerdem noch die von SPRUNG ersonnenen elektrischen **Registrierapparate für Regenfall und Wind.** Sie beruhen auf dem Prinzip, daß das zu messende Element einen Elektromagneten betätigt, welcher einen Papierstreifen proportional der Stärke dieses Elements voranschiebt. In diesem Falle bewegt sich der Papierstreifen um 0.5 mm abwärts für je 0.05 mm Regenhöhe oder für je 150 Umdrehungen des ROBINSON'schen Schalenkreuzes. Eine Uhr sorgt dafür, daß der Schreibstift im Laufe einer Stunde um 30 bezw. 60 mm von links nach rechts und am Ende der Stunde rasch nach links in horizontaler Richtung zurückgezogen wird, während gleichzeitig der große Zeiger der Registrieruhr einen Strom schließt, das Echappement des Elektromagneten auslöst und dadurch den Papierstreifen um 0.5 mm nach abwärts schiebt (Fig. 10). So entsteht in regenfreien oder windstillen Zeiten eine Reihe horizontaler Linien in stündlichen Abständen von 0.5 mm, während der Apparat bei der „Arbeit" treppenförmige Stufen zeichnet. Für Niederschlag sind zurzeit drei derartige Apparate im Instrumentenzimmer in Tätigkeit; der eine registriert den Niederschlag in dem auf S. 16 beschriebenen SPRUNG'schen Wippen-Regenmesser auf dem östlichen Rasenplatz vor dem Observatorium, der zweite steht mit einem gleichartigen, aber nicht heizbaren Regenmesser in Verbindung, der $1\frac{1}{2}$ km nordwestlich davon aufgestellt ist, der dritte schreibt die Angaben des SPRUNG-GALLENKAMP'schen Tropfenzählers (S. 17) auf. Ein Apparat gleicher Konstruktion dient dazu, die vom Anemometer auf dem großen Turm angegebene Windgeschwindigkeit und Windrichtung zu registrieren. Die Zahl der innerhalb einer Stunde aufgezeichneten Stufen gibt unmittelbar den zurückgelegten Windweg und damit die mittlere Windgeschwindigkeit dieser Stunde. Gleichzeitig mit jedem Kontakt wird auch die jeweilige Windrichtung durch eine bezw. zwei von vier den Hauptrichtungen entsprechenden Federn aufgeschrieben.

Im ersten und zweiten Stockwerk des Observatoriums befinden sich,
wie schon erwähnt, keine größeren meteorologischen Instrumente, und
wir beginnen daher unsere Schilderung erst wieder im „**optischen Zimmer**"
des Dachgeschosses. Um störende Reflexe zu vermeiden, sind dessen
Wände und Decken schwarz gestrichen; die Fenster lassen sich durch
lichtdichte Jalousien verhängen. Der Raum war ursprünglich auch für
Strahlungsmessungen vorgesehen und hat zu diesem Zwecke an der Südseite große Schiebefenster und davor eine weit ausladende Steinkonsole
erhalten; es hat sich jedoch als bequemer
erwiesen, diese Beobachtungen vom großen
Turm aus anzustellen. Gegenwärtig dient
das „optische Zimmer" als allgemeines Laboratorium — da für den Aufbau umfang-
reicher physikalischer Experimente sonst im

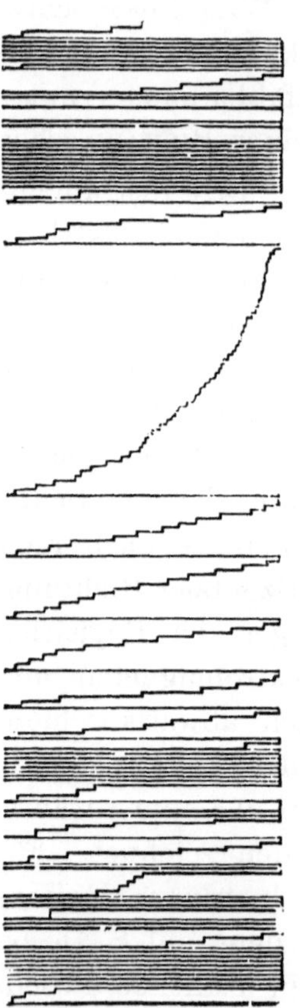

Fig. 10 und 10a.   Registriervorrichtung des Sprung-Fueß'schen Regenmessers.

Hause wenig Platz vorhanden ist —, sowie zur Vorbereitung der meteoro-
logisch-optischen Versuche und zur Aufbewahrung der dazu gehörigen
Instrumente. Hier ist auch eine Batterie von 80 Leclanché-Elementen
zum Antrieb des gleich zu beschreibenden Wolkenautomaten untergebracht.

Eine Treppe führt von diesem Zimmer direkt auf das Dach und
von hier auf die Plattform des kleinen Turmes (Fig. 11), der hauptsächlich
zu **Wolkenmessungen** gebraucht wird. Ein kleiner Pfeiler mit einem einfachen Spiegel-Nephoskop, System Sprung, dient gewöhnlich zur Beob-

Fig. 11. Turm für Wolkenmessungen und zur Beobachtung optischer Phänomene.

achtung von Zugrichtung und relativer Geschwindigkeit der Wolken, wobei die Zeit, welche das Wolkenbild zum Zurücklegen einer bestimmten Strecke auf dem Nephoskop gebraucht, bequem an einer elektrisch von unten betriebenen Uhr mit lautem Sekundenschlag (vergl. S. 18) festgestellt wird. In Fig. 11 ist auf diesem Pfeiler einer der KOPPE'schen Phototheodolite aufgebaut, mit denen hier im „internationalen Wolkenjahr" 1896/97 Wolkenhöhen gemessen wurden. Identische Apparate waren damals auf dem Dache des Kgl. Geodätischen Instituts im SE in 390 m Entfernung und an der Havel auf der Halbinsel Tornow 1469 m im WNW installiert. Transportable Telephone sorgten für die Verständigung der Beobachter untereinander. In jenem Jahre ist ein recht reichhaltiges Material über Wolkenhöhen und Wolkenbewegungen angesammelt, dessen Resultate ausführlich veröffentlicht worden sind, wobei auch Beiträge zur Methode der Wolken-Photogrammetrie und zur Morphologie der Wolkenbildung geliefert werden konnten [1]). Die mittlere Höhe der Cirruswolken betrug im Sommer 9000 m, im Winter 8000 m, die größte Höhe 12600 m, die größte Geschwindigkeit 60 mps. Da derartige direkte Messungen verhältnismäßig viel Hilfspersonal erfordern und dadurch zeitraubend und kostspielig werden, erdachte SPRUNG eine Konstruktion, bei der die zweite Station automatisch vom Observatorium aus bedient werden kann. Dieser **Wolkenautomat** besteht im wesentlichen aus zwei ganz gleich gebauten photographischen Kameras mit senkrecht nach oben gerichteten Objektiven von 184 mm Brennweite, die durch elektrische Leitungen mit 80 Volt Gleichstrom verbunden sind. Fig. 12 zeigt den einen dieser Apparate mit angehobenem Schutzdeckel; der übrige Teil des Schutzkastens ist bis auf das Rahmenwerk entfernt, um das Instrument sehen zu können. Die Kamera liegt in der Mitte zwischen den senkrecht geführten Zuleitungsdrähten; links ist ein Vorratskasten für 20 unbelichtete Platten von 15 × 18 cm Größe, rechts ein Sammelkasten für ebenso viele exponierte Platten. Wird der Strom eingeschaltet, so betätigt er an beiden Stationen einen Elektromagneten, der seinerseits ein durch fallende Gewichte angetriebenes Laufwerk auslöst, um zunächst den „Regendeckel" anzuheben (Stellung in Fig. 12). In dieser Stellung des Deckels tritt ein zweiter Elektromagnet in Funktion, der den Momentverschluß des Objektivs öffnet; alsdann schließt sich der Deckel wieder, und dabei sorgt ein neuer Kontakt dafür, daß ein zweites Laufwerk in Gang gesetzt wird, welches die exponierte, bisher durch Federn gegen vier feste Marken gepreßte Platte löst und mittels einer Kette ohne Ende in den Sammelkasten befördert, während eine neue Platte unter das Ob-

---

[1]) A. SPRUNG und R. SÜRING, Ergebnisse der Wolkenbeobachtungen in Potsdam und an einigen Hülfsstationen Deutschlands in den Jahren 1896 und 1897. Berlin 1903. 4º. V, 93, 279* S., 3 Tafeln.

Fig. 12. Wolkenautomat nach Sprung.

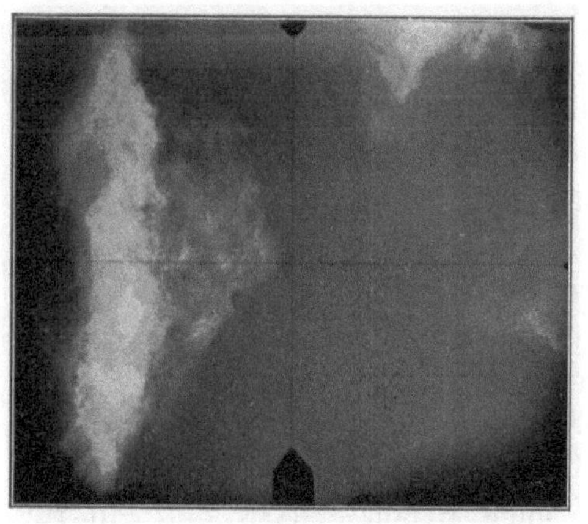

M

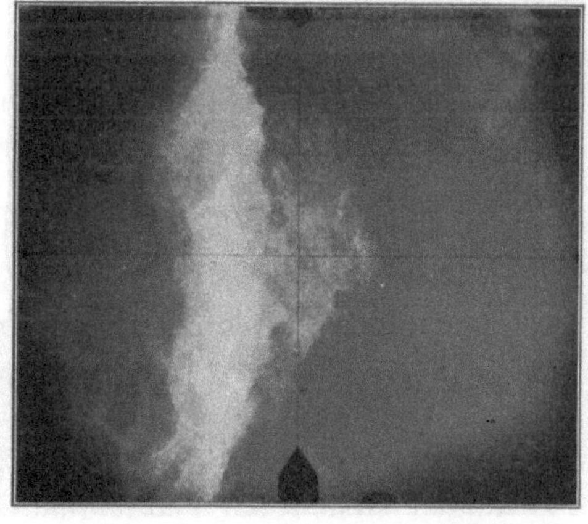

T

Fig. 13. Photogrammetrische Aufnahme einer Cirruswolke.
(M = Station auf dem Meteor. Observatorium, T = Station Tornow.)

jektiv gezogen wird. Die ganze Operation dauert ungefähr eine Minute;
ein Glockensignal kündigt den ordnungsmäßigen Ablauf aller dieser
Funktionen an. Fig. 13 zeigt ein so erhaltenes Plattenpaar. Aus der
parallaktischen Verschiebung der Bilder ergibt sich nach Anbringung

einer kleinen Korrektion für die verschiedene Seehöhe beider Apparate unmittelbar die Wolkenhöhe (in diesem Falle 11.03 km). Aus einer eine Minute später wiederholten Aufnahme dieses Cirrusbandes ließ sich ermitteln, daß die Wolke mit 23.5 mps aus WSW zog, während die Streichrichtung des Bandes SSW—NNE war. Bei Benutzung einer mittelstarken Gelbscheibe bleibt die Expositionsdauer das ganze Jahr hindurch etwa $^1/_{10}$ Sekunde, nur beim Übergang zum Winter wird die Blende etwas mehr geöffnet; man erhält dann während des ganzen Jahres von einer Stunde nach Sonnenaufgang an zur Messung gut brauchbare, nur mittags etwas flaue Negative. Orthochromatische Silbereosin-Spiegelglasplatten von PERUTZ haben sich hierbei gut bewährt. Die Meßgenauigkeit ist durchschnittlich größer als 3 % der Wolkenhöhe; die parallaktische Verschiebung beträgt bei 9 km Höhe noch 30 mm; bei Wolken unter 1.7 km ist die Parallaxe größer als die Plattenbreite, dies ist also die untere Grenze für die zu messenden Höhen. Die Einzelheiten der Konstruktion, insbesondere die Art der Justierung durch Sternaufnahmen, sind von SPRUNG[1]) beschrieben worden. Mit der systematischen Aufarbeitung des umfangreichen Plattenmaterials wurde erst vor kurzem begonnen, und von den Resultaten ist daher außer den in den „Ergebnissen der Meteorolog. Beobachtungen in Potsdam" seit 1909 mitgeteilten Daten noch wenig veröffentlicht worden[2]). Zu den Wolkenapparaten gehört auch das auf Fig. 11 links sichtbare Gerüst, bestehend aus einem nach oben gerichteten Trichter mit 60° Öffnungswinkel und mit einem entsprechend weiten Ring darüber, der zum Abschätzen der Wolkenmenge unter Ausschluß der Horizontpartien bis zu 30° Höhe dient.

Auf dem kleinen Turme werden auch **Polarisationsmessungen** des Himmelslichtes angestellt (Fig. 11, vorderer Holzpfeiler links). Meteorologisch scheint hierbei vornehmlich die Verfolgung der Grenzlinie zwischen horizontaler und vertikaler Polarisation im Sonnenvertikal, also die Beobachtung der neutralen Punkte über der Sonne und über deren Gegenpunkte (BABINET'scher und ARAGO'scher Punkt) von Wichtigkeit zu sein, da die Lage dieser Punkte sowohl einen säkularen Gang zeigt, als auch vom Zustande der oberen Luftschichten abhängig ist[3]). Für solche Messungen stehen ein Pendelquadrant nach BUSCH-JENSEN und ein für diese Zwecke besonders umgearbeiteter Theodolit (Fig. 14) zur Verfügung.

[1]) A. SPRUNG, Über den photogrammetrischen Wolkenautomaten und seine Justierung. Zeitschr. f. Instrumentenkunde 19 (1899), S. 111—118, 129—137. 1 Tafel. — DERSELBE, Über die Justierung und Benutzung des photogrammetrischen Wolkenautomaten. Zeitschr. f. Instrumentenk. 24 (1904), S. 206—213.

[2]) R. SÜRING, Über die Struktur der Cirruswolken. Meteor. Zeitschr. 28 (1911), S. 568—569.

[3]) R. SÜRING, Messungen der neutralen Punkte der atmosphärischen Polarisation. Ergebnisse des Meteor. Beob. in Potsdam i. J. 1910. Potsdam 1911, S. X—XXVIII.

Das sehr große Fadenkreuz gestattet außer den durch das Savart'sche Polariskop erzeugten Streifen und den neutralen Punkten einen beträchtlichen Teil der Umgebung zu überblicken. In einer neueren Form gestattet dieser Theodolit gleichzeitig Messungen der Polarisationsgröße, etwa durch Einsetzen eines Cornu'schen Photopolarimeters oder eines Martens'schen Polarisationsphotometers. Zur Beobachtung der Himmelshelligkeit ist ein Milchglas-Photometer nach Leonh. Weber beschafft worden. Im Zusammenhang hiermit sei erwähnt, daß gelegentlich auch der **Staubgehalt der Luft** mit dem Aitken'schen Staubzähler gemessen worden ist[1]). Der Einfluß der $1\frac{1}{2}$ km entfernten Stadt Potsdam und

Fig. 14. Theodolit für Polarisationsmessungen.

[1]) K. Kähler, Staubmessungen in Potsdam, auf dem Brocken und auf der Schneekoppe. Bericht über die Tätigkeit des Kgl. Preuß. Meteor. Instituts i. J. 1911. Berlin 1912, S. 137—148.

sogar des 30 km entfernten Berlin macht sich in den Messungen noch
deutlich bemerkbar. Während auf dem Observatorium durchschnittlich
23000 Staubteilchen auf 1 ccm kommen, sinkt der Betrag bei Windstille
durchschnittlich auf 16000 (absolutes Minimum 3800), steigt dagegen bei
Luftzufuhr aus Potsdam bis 30000, bei Wind aus Groß-Berlin bis 100000.

Überschreiten wir das Flachdach des Observatoriums und betreten
von hier aus den großen Turm, so sehen wir zunächst in Dachhöhe ein
kleines, aber sehr helles Arbeitszimmer, darüber eine Dunkelkammer mit
Nebenraum für Tageslicht-Arbeiten und darüber den 4 m hohen, luftigen
Beobachtungsraum. Der eigentliche Zweck dieses Raumes ist, auch bei
Regen ungestört eine möglichst ausgedehnte Himmelsschau zu haben.
Hier wurden die ersten Registrierungen des luftelektrischen Potentialgefälles und der elektrischen Zerstreuung vorgenommen, bis dafür ein besonderer Pavillon auf der Beobachtungswiese gebaut wurde. Zurzeit dient
der Raum an erster Stelle zur **Messung der Sonnenstrahlung.** Einige der
hierfür vorhandenen Instrumente sind in Fig. 15 zusammengestellt worden.

Fig. 15. Apparate zur **Messung** der Gesamtintensität der Sonnenstrahlung.

Das Hauptinstrument ist das in der Mitte des Tisches stehende ÅNG-
STRÖM'sche Kompensationspyrheliometer mit zwei geschwärzten Manganin-
streifen, von denen der eine den Sonnenstrahlen ausgesetzt wird, während der andere durch ein Leclanché-Element auf die Temperatur des
besonnten Streifens gebracht wird. Die Temperaturgleichheit wird durch

ein Thermo-Element auf der Rückseite der Streifen ermittelt. Zur Messung und Regulierung des Heizstromes dienen ein Präzisions-Amperemeter von SIEMENS & HALSKE und ein Präzisions-Rheostat von RUHSTRAT, zur Bestimmung der Temperaturgleichheit der zu messenden Streifen ein Spiegelgalvanometer, System DESPREZ-D'ARSONVAL. Messungen mit diesem Instrument haben ergeben[1]), daß die Strahlungsintensität in Potsdam an klaren Frühlingstagen bis zu 1.4 g-Kalorien pro Minute geht; die jährliche zugestrahlte Wärmemenge beträgt für die normale Flächeneinheit 98510 g-Kal., d. i. 43 % der möglichen Wärmemenge, für die horizontale Flächeneinheit 53890 g-Kal. (48 % der möglichen). Für schnell auszuführende relative Messungen hat sich das Lamellen-Aktinometer nach MICHELSON-Moskau gut bewährt (Fig. 15 links), bei dem die Verbiegung einer Bimetall-Lamelle durch die Sonnenstrahlung mittels eines Mikroskops abgelesen wird. Gleichfalls für relative Messungen und besonders zum Anschluß an die von ABBOT und FOWLE konstruierten aktinometrischen Normale[2]) dient das Fig. 15 rechts abgebildete ABBOTsche „silver disk pyrheliometer"; es ist nach dem POUILLET'schen Prinzip konstruiert, indem die Erwärmung eines kleinen Silberblocks durch ein seitlich eingelassenes Quecksilberthermometer gemessen wird.

Oberhalb des Beobachtungsraumes gelangt man durch ein niedriges Zimmer, dessen Hauptausrüstung ein Apparat zur mechanischen Registrierung der Windmessung ist, auf die **Plattform des großen Turmes** mit umfassender, besonders gegen Abend malerischer Aussicht auf Potsdam, die Havel, Havelseen und bewaldeten Hügel. In der Mitte der 7×7 m großen Plattform erhebt sich auf 7 m hohem Gerüst **der Anemograph**, aus drei Teilen bestehend (Fig. 16). Oben

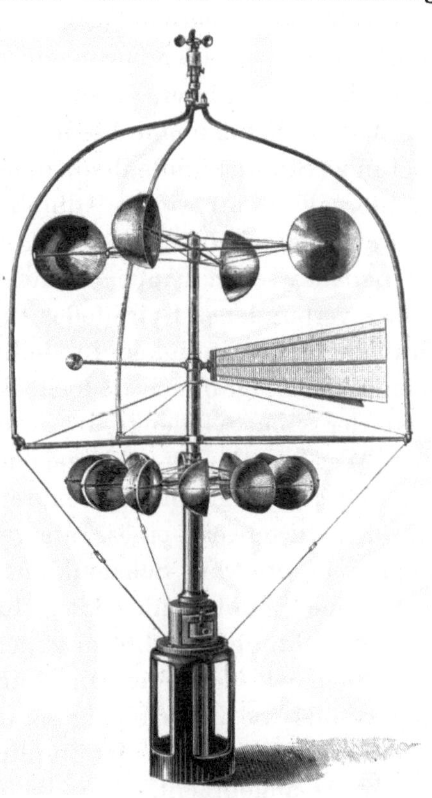

Fig. 16.

Apparat zur Messung von Geschwindigkeit, Richtung und Druck des Windes.

[1]) W. MARTEN, Messungen der Sonnenstrahlung auf dem Meteorologischen Observatorium bei Potsdam. Ergebnisse der Meteor. Beobachtungen in Potsdam i. J. 1908. Berlin 1909, S. XXIII—XXXVI.

[2]) W. MARTEN, Vergleichsmessungen mit Pyrheliometern. Ergebnisse der Meteor. Beobachtungen in Potsdam i. J. 1911. Berlin 1912, S. XI—XV.

ist ein Robinson'sches Schalenkreuz von 106 cm Durchmesser mit lackierten Aluminiumschalen von 35 cm Durchmesser, darunter eine Windfahne und noch tiefer ein Kranz von 12 kleinen Schalen, der mit einer im Registrierraum befindlichen Spiralfeder fest verbunden ist, so daß sich der Kranz höchstens um 30⁰ drehen kann und dann die Spiralfeder zusammenpreßt. Dieser „gebremste" Schalenkranz wirkt also als Winddruckmesser, der durch die 12 Schalen stets in den Wind eingestellt wird. Über dem großen Schalenkreuz, dessen Reibungskonstante jetzt 0.45 beträgt, läßt sich ein kleines Anemometer anbringen, das zur Eichung des großen zeitweilig funktioniert. Von diesen 3 Anemometer-Bestandteilen führen drei durchgehende Übertragungsstangen zu dem direkt unter der Plattform befindlichen Registrierapparat im „Registrierraum"; außerdem werden die Umdrehungen des großen Schalenkreuzes und der Windfahne elektrisch zum Sprung-Fuess'schen Registrierapparat im Instrumentenzimmer (vergl. S. 21) übertragen. Die Aufzeichnung oben im „Registrierraum" ist dagegen rein mechanisch. Bei dem hierzu dienenden Apparat (Fig. 17) hat Sprung eine Reihe bewährter Konstruktionen vereinigt[1]). Auf einer in 24 Stunden umlaufenden, mit Kreidepapier bespannten Walze (Stundenintervall 2 cm) werden durch direkte Übertragung vom Aufnahmeapparat aufgezeichnet: erstens die Drehungen der Windfahne nach Art der Beckley'schen Rippe, zweitens die Bewegungen der mit dem Druckmesser verbundenen Spiralfeder (in der Mitte der Figur) und drittens die wirkliche Geschwindigkeit in ähnlicher Weise wie bei dem Richard'schen Anemo-Cinemographen, jedoch ohne elektrischen Antrieb. Es wird also nicht der vom Schalenkreuz zurückgelegte Windweg, sondern der Quotient: Weg durch Zeit aufgezeichnet, wobei allerdings infolge von Trägheit und Reibung am Schalenkreuz diese „momentane" Geschwindigkeit nur den Mittelwert eines Intervalls von etwa 2 Minuten darstellt. Der Eingriff in die vom Schalenkreuz angetriebenen Zahnräder erfolgt dabei durch eine Spindel mit einem Rädchen, das von zwei in entgegengesetzter Richtung gleichförmig gedrehten Scheiben durch Reibung mitgenommen wird. Ändert sich die Windgeschwindigkeit, so ändert sich proportional die Zentrifugalgeschwindigkeit des mit der Spindel verbundenen Rädchens. Um die Empfindlichkeit zu steigern, ist ein doppelter Zahnkranz angebracht. Für die Aufzeichnung bis zu 16 mps steht eine Papierbreite von 12 cm zur Verfügung; wird diese Geschwindigkeit überschritten, so tritt ein Kontakt ein, welcher die Übertragungsstange des Schalenkreuzes auf ein Rad von dem halben Durchmesser des vorherigen einschaltet. Der Registrierapparat gestattet ferner, die Windrichtungskom-

---

[1]) A. Sprung, Der mechanisch registrierende Windregistrierapparat des Potsdamer Observatoriums. Ergebnisse der Meteorolog. Beobacht. in Potsdam i. J. 1896. Berlin 1898, S. VI—XVII, 1 Tafel.

Fig. 17. Schreibvorrichtung des mechanisch registrierenden Windapparats.

ponenten aufzuzeichnen. Mit der Achse der Windfahne sind zwei exzentrische Scheiben von der Form der „Pascal'schen Schnecke" verbunden, die nach der Formel: $R = c + c_1 \cos \varphi$ geschnitten sind, wo R der Radiusvector, φ der Winkel der Kurve in Polarkoordinaten, c und c_1 Konstanten sind. Die Achsen der Scheiben sind gegeneinander um 90° gedreht, an ihren Rändern schleifen zwei horizontale Stangen mit Schreibfedern, so daß die eine Feder nur die Südkomponente, die andere nur die Westkomponente aufzeichnet (Fig. 17 links). Das hierfür benutzte Registrierpapier läuft proportional der Geschwindigkeit des Schalenkreuzes ab; eine Stundenmarkierung gestattet also gleichzeitig die stündliche Windgeschwindigkeit auf diesem Streifen abzulesen. Zufolge der Übersichtlichkeit und des großen Maßstabes dieser Aufzeichnung wird sie zur Ableitung der in den Jahresergebnissen veröffentlichten stündlichen Windsummen benutzt, während die Windrichtung (gleichfalls Stundenmittel) den Angaben der BECKLEY'schen Rippe entnommen wird. Auf dem Registrierstreifen entspricht 1 mm einer Winddrehung von $4^0.83$. Für den Fall, daß der Anemograph auf dem Hauptturm versagt, werden die Angaben eines anderen Instrumentes benutzt, das sich auf dem Turm des Astrophysikalischen Observatoriums in gleicher Höhe über der Havel befindet.

Auf den Turm zurückgekehrt, bemerken wir dort noch auf der Brüstung verschiedene **Sonnenschein-Autographen** und in der Nordwest-Ecke eine „englische" Thermometerhütte mit Thermograph und Hygrograph nach dem System RICHARD. Von den Sonnenschein-Autographen gehört der eine dem JORDAN-Typus an (zwei halbzylinderförmig gebogene Kästen mit einem Spalt, durch den die Strahlen auf lichtempfindliches Eisenblaupapier fallen), zwei andere sind Autographen nach CAMPBELL-STOKES; der eine von diesen hat die vom Meteorological Office in London eingeführte Form; der zweite, von FUESS angefertigt, hat eine drehbare Kugelschale, damit die Sonne auch bei tiefem Stande die Glaskugel voll treffen kann. Die Mängel der jetzigen Sonnenscheinregistrierungen sind in mehreren Veröffentlichungen des Observatoriums[1] erörtert worden, und wenn auch eine befriedigende Abhülfe noch nicht möglich war, so sind doch die Apparate nun so weit untersucht, daß sich für den Einzelfall durch Vereinigung der verschiedenen Registrierungen ein genügend genaues Bild der Sonnenscheindauer erhalten läßt. Eine gewisse Ergänzung zu diesen Tagesregistrierungen bietet nachts der im obersten Turmgeschoß aufgestellte PICKERING'sche **Pole Star Recorder**, eine Kamera mit einfachem Objektiv von 1 m Brennweite, die auf den Himmelspol gerichtet und durch eine Weckeruhr automatisch geöffnet und geschlossen wird. Die hierdurch registrierte Bahn des Polarsterns gibt einen Anhalt für die Bewölkungsverteilung in der Nacht und für die Zuverlässigkeit der von Nachtwächtern ausgeführten Bewölkungsschätzungen[2].

---

[1] W. MARTEN, Ergebnisse zehnjähriger Sonnenscheinregistrierungen in Potsdam. Ergebnisse der Meteor. Beob. in Potsdam i. J. 1904. Berlin 1908, S. XV—XXII. — DERSELBE, Zur Frage der Sonnenscheinautographen und der Zuverlässigkeit ihrer Angaben. Bericht über die Tätigk. des Kgl. Preuß. Meteor. Instituts i. J. 1911. Berlin 1912, S. 168—179.

[2] W. MARTEN, Vergleichung zwischen den Bewölkungsschätzungen in der Nacht und den Angaben eines PICKERING'schen Pole Star Recorder. Ergebnisse der Meteor. Beob. in Potsdam i. J. 1909. Berlin 1910, S. X—XII.

Die in der **Thermometerhütte auf dem Turm** erhaltenen Temperatur- und Feuchtigkeitsangaben haben von Anfang an wegen ihrer großen Verschiedenheit von den Aufzeichnungen auf der Beobachtungswiese Beachtung gefunden. Schon der im ersten Monat nach Beginn der Beobachtungen einmal festgestellte, in gleicher Größe allerdings seitdem nicht wieder vorgekommene Temperaturüberschuß des Turmes von 8⁰ (bei einer Höhendifferenz von 32 m) hat Sprung zu einer kleinen Mitteilung veranlaßt[1]). Zwar sind die Angaben hier oben noch etwas durch die Steinmassen des Turmes beeinflußt[2]), doch entsprechen sie im wesentlichen der freien Luftströmung in dieser Höhe, so daß der Grad der Störung unten klar erkannt werden kann. Die Beziehungen zwischen den Registrierungen oben und unten sind daher auch schon nach verschiedenen Richtungen hin bearbeitet worden, wobei eine seit 1894 bestehende **Hilfsstation im Nuthetal** — etwa $1^1/_2$ km östlich und 50 m tiefer gelegen — zur Ergänzung gute Dienste geleistet hat[3]). Von besonderem Interesse waren hierbei sprungweise Änderungen von Temperatur und Feuchtigkeit, die an den einzelnen Stationen in ganz verschiedener Weise auftreten und zum Teil mit stehenden Schwingungen in den aufgestauten Luftmassen zusammenhängen. Durch ein Jahr lang fortgeführte vergleichende Registrierungen auf dem Turme des Pfingstberges bei Potsdam (4 km N vom Observatorium) unter ganz ähnlichen örtlichen Verhältnissen ließ sich die Natur dieser Störungen weiter verfolgen[4]).

Wir kehren zum Schlusse noch einmal auf die Beobachtungswiese zurück, um über den neuesten Arbeitszweig des Observatoriums, **die luftelektrischen Messungen** zu berichten. Zurzeit werden hier drei Elemente aufgezeichnet: das luftelektrische Potentialgefälle, die positive und negative elektrische Leitfähigkeit der Luft $1/_2$ bis $1^1/_2$ m über dem Boden, sowie 1 m tief im Boden und die Eigenelektrizität der Niederschläge. Die Registrierinstrumente hierfür sind sämtlich in einem kleinen Wellblechhause untergebracht (auf Fig. 3 sichtbar), das innen mit Holz getäfelt ist und dazwischen eine Lufteinlage hat. Durch das Wellblech ist eine

---

[1]) A. Sprung, Das neue Meteorologische Observatorium bei Potsdam und Temperaturbeobachtungen daselbst im Januar 1893. Meteor. Zeitschr. 10 (1893), S. 233—236.

[2]) R. Süring, Vergleichung verschiedener Thermometer-Aufstellungen auf dem Turme des Meteorologischen Observatoriums in Potsdam. Ergebnisse der Meteor. Beob. in Potsdam i. J. 1895. Berlin 1897, S. VI—XII.

[3]) K. Knoch, Ein Beitrag zur Kenntnis der Temperatur- und Feuchtigkeitsverhältnisse in verschiedenen Höhen über dem Erdboden. Abhandl. des Kgl. Preuß. Meteor. Instituts, Bd. III, Nr. 2. Berlin 1909. 29 S. — Derselbe, Der Einfluß geringer Geländeverschiedenheiten auf die meteorologischen Elemente im norddeutschen Flachlande. Abhandl. des Kgl. Preuß. Meteor. Instituts. Bd. IV, Nr. 3. Berlin 1911. 53 S.

[4]) K. Knoch, Ergebnisse der Temperatur- und Feuchtigkeitsregistrierungen an nahe benachbarten Türmen. Bericht über die Tätigkeit des Kgl. Preuß. Meteor. Instituts i. J. 1911. Berlin 1912, S. 148—157.

gute Erdleitung gewährleistet, andererseits stören die sehr großen Temperatur- und Feuchtigkeitsschwankungen, zu deren Regulierung ein Gasofen fast dauernd in Tätigkeit ist. Einen Teil der inneren Einrichtung dieses Häuschens zeigt Fig. 18.

Fig. 18. Innenansicht aus dem luftelektrischen Häuschen.

Als Elektrode für die **Messung des Potentialgefälles** dient ein Wasserstrahl — versuchsweise sind auch gelegentlich Platinbleche mit Poloniumbelag verwendet worden —, der aus einem 1 m vom Häuschen herausragenden Messingrohr fließt und 1.6 m über dem Boden zerspritzt. In Fig. 18 ist das Gefäß, welches den Wasserzufluß regelt, auf einem an der Decke hängenden Tischchen sichtbar. Die automatische Nachfüllung vermittelt ein Schwimmer, welcher bei niedrigem Wasserstand einen Stromschluß hervorruft; hierbei wird ein Elektromagnet betätigt, der einen Wasserhahn öffnet. Die Registrierung der Spannungsdifferenz: Abtropfstelle—Erde erfolgt, ebenso wie bei den anderen Elementen, auf mechanischem Wege mittels des BENNDORF'schen Quadranten-Elektrometers. Die stabile Bauart dieser Instrumente und die zuverlässige Art ihrer Registrierung — in Intervallen von einer Minute erfolgt durch ein Uhrwerk ein Schlag auf die Elektrometernadel und markiert dadurch deren Stand auf einem Papierstreifen — haben sich hierbei außerordentlich bewährt. Auf dem Registrierblatte entsprechen 4 cm dem Intervall von einer Stunde. Die Aufladung der Quadrantenpaare erfolgt entweder durch kleine Bittersalzelemente mit Zink-Kupferbügeln oder durch kleine Hochspannungs-Akkumulatoren, System BORNHÄUSER-Ilmenau. Bei dem Elektrometer für Potentialgefälle-Messungen liegen drei Kästen Bittersalzbatterien zu je 100 Elementen (Gesamtspannung 300 Volt) an den Quadranten; auf dem Registrierstreifen von 10 cm nutzbarer Breite entspricht nach Reduktion der Angaben auf ein homogenes elektrisches Feld 1 mm etwa 15 Volt Spannung, so daß bei gewöhnlicher Schaltung ein Potentialgefälle von $\pm$ 750 Volt registriert werden kann. Das reicht jedoch an vielen Tagen nicht aus, und es ist daher eine Vorkehrung getroffen, um die Empfindlichkeit der Registrierung zu verringern. Gelangt die Elektrometernadel an den Rand des Papierstreifens, so schließt sie einen Strom, kippt den Bügel eines Umschalters um und trennt dabei 250 Elemente von den Quadranten ab. Deren Ladung wird also auf $^1/_6$ des bisherigen Betrages verkleinert, und auf denselben Wert verringert sich auch die Empfindlichkeit des Elektrometers[1]). Der Meßbereich wird dadurch von 750 V/m auf $\pm$ 4000 V/m vergrößert, so daß nunmehr die Papierbreite nur vereinzelt bei Gewittern und Böen nicht mehr genügt. Bei den luftelektrischen Registrierungen macht sich die Lage der Beobachtungswiese in einer unregelmäßigen Waldblöße besonders störend bemerkbar. Die elektrischen Niveaulinien drängen sich hier so zusammen, daß das Erdfeld an der Stelle des ausfließenden Wasserstrahls etwa fünfmal so klein ist wie über einem freien Felde oder an dem frei emporragenden großen Turme des Observatoriums.

---

[1]) Ergebnisse der Meteor. Beobachtungen in Potsdam i. J. 1904. Berlin 1908, S. IX bis XI.

Die Potentialgefälle-Registrierungen sind seit 1904 dauernd in Betrieb und werden regelmäßig veröffentlicht; es liegt auch eine Bearbeitung fünfjähriger Mittelwerte vor[1]. Seit 1908 sind die veröffentlichten stündlichen Werte nicht Momentanwerte, sondern Mittelwerte der einzelnen Stundenintervalle, die nach einem einfachen graphischen Verfahren schätzungsweise ermittelt werden. Zur Ableitung der Tages- und Monatsmittel dienen nur die Aufzeichnungen an „ruhigen" Tagen (Tagen mit Schönwetterelektrizität), d. h. an niederschlagsfreien, im allgemeinen heiteren Tagen. Der mittlere Jahreswert des Potentialgefälles von 240 V/m ist verhältnismäßig hoch. Die weiteren Untersuchungen über das Potentialgefälle haben sich hauptsächlich auf dessen Beziehungen zu anderen meteorologischen Elementen erstreckt. Um dabei örtliche Einflüsse und die Verteilung in der Horizontalen möglichst berücksichtigen zu können, wurden verschiedentlich für einige Zeit gleichzeitig Registrierungen an Hilfsstationen eingerichtet. Auch aus diesen korrespondierenden Aufzeichnungen sind bereits eine Reihe wertvoller Ergebnisse abgeleitet worden[2].

Die Studien über **das elektrische Leitvermögen der Luft** begannen mit Registrierungen der Zerstreuung, indem der Hauptsache nach die ELSTER und GEITEL'sche Versuchsanordnung zur Registrierung mit dem BENNDORF-Elektrometer erweitert wurde[3]. Von halber zu halber Stunde wurde das Vorzeichen der Ladung des Zerstreuungskörpers automatisch gewechselt. Später (1909) ging man dazu über, eine absolute Registrierung der Leitfähigkeit auf der Beobachtungswiese einzurichten, die noch jetzt in Tätigkeit ist[4]. An der Südseite des Wellblechhauses sind, wie man auf Fig. 3 erkennen kann, auf gut geerdeten Metallreifen von 1 m Durchmesser über einander zwei 20 m lange Drahtnetzzylinder von 5—6 cm Maschenweite ausgespannt, in deren Achse je ein 0.1 cm starker, ge-

---

[1] G. LÜDELING, Einige Ergebnisse fünfjähriger Registrierungen des luftelektrischen Potentialgefälles in Potsdam. Bericht über die Tätigkeit des Kgl. Preuß. Meteor. Instituts i. J. 1909. Berlin 1910, S. 151—157.

[2] K. KÄHLER, Registrierungen des luftelektrischen Potentialgefälles an nahe benachbarten Stationen. Meteor. Zeitschr. 26 (1908), S. 155—162, 289—299; 27 (1909), S. 10—17, 347—355. — DERSELBE, Über die Wirkung von Regenfällen und Böen auf das Potentialgefälle am Erdboden aus Registrierungen an drei benachbarten Stationen. Bericht über die Tätigkeit des Kgl. Preuß. Meteor. Instituts i. J. 1908. Berlin 1909, S. 67—78. — DERSELBE, Untersuchungen über den täglichen Gang des luftelektrischen Potentialgefälles. Abhandl. des Kgl. Meteor. Instituts. Bd. IV, Nr. 1. Berlin 1911. 29 S.

[3] G. LÜDELING, Eine Vorrichtung zur Registrierung der luftelektrischen Zerstreuung. Physik. Zeitschr. 5, 1904, S. 447—450.

[4] K. KÄHLER, Registrierungen des elektrischen Leitvermögens der Atmosphäre mit dem BENNDORF-Elektrometer. Ergebnisse der Meteor. Beob. in Potsdam i. J. 1909. Berlin 1910, S. XIII—XXX. — DERSELBE, Die Schwankungen des luftelektrischen Leitvermögens und des vertikalen Leitungsstromes am Erdboden. Ergebnisse der Meteor. Beobachtungen in Potsdam i. J. 1911. Berlin 1912, S. XVI—XXXI.

schwärzter Kupferdraht gespannt ist, der als Zerstreuungskörper dient. Jeder Draht liegt zwischen zwei besonders konstruierten Isolationsstücken, das eine befindet sich im Innern des geheizten Wellblechhauses, durch dessen Wand der Draht frei hindurchgeht, das zweite ist außen in einem Isolationskasten am Ende des Drahtganges befestigt. Von einem Dache zum Schutze gegen Regen ist einstweilen abgesehen; die Isolation wird infolgedessen bei Regen sofort gestört, und der Apparat ist dadurch unbeabsichtigterweise zu einer in ihrer Empfindlichkeit kaum zu übertreffenden Registriervorrichtung für die Anfangszeiten von Niederschlägen geworden. Andere Unterbrechungen der Isolation kommen vielfach nachts, vor allem im Sommer vor; die Ursache davon sind Spinnen, die ihre Gewebe zwischen Kupferdraht und Erdnetz spannen. Werden die Gewebe feucht, so leiten sie die aufgeladene Elektrizität ab.

Im Wellblechhause ist jeder Zerstreuungsdraht mit der Nadel je eines BENNDORF-Elektrometers verbunden, an dessen Quadranten 600 V Spannung liegt. An der einen Elektrometeruhr befindet sich ein mit 6 Kontakten versehenes Rad, das mit Hilfe eines Quecksilberkontaktes alle 10 Minuten eine halbe Minute lang die eine Elektrometernadel mit dem positiven Pole einer Bittersalz- oder Akkumulatorenbatterie von 220 V verbindet und eine Minute später bei dem anderen Elektrometer den Anschluß an den negativen Pol der Batterie herstellt. Während der folgenden zehn Minuten, in denen die Ladung sich selbst überlassen bleibt, wird der Abfall derselben durch den Minutenkontakt des Elektrometers mechanisch registriert. Man erhält auf diese Weise eine Kurvenschar, deren Einhüllende den Gang der Leitfähigkeit ergibt, unter der Voraussetzung, daß Ausschlag und Spannungsabfall einander proportional sind. Durch Experimente ist festgestellt worden, daß dies bei der gewählten Anordnung der Fall ist. Die unipolare Leitfähigkeit λ in ESE berechnet sich dann nach der Formel:

$$\lambda = \frac{1}{4\pi} \frac{Z + C}{Z} \frac{1}{t_2 - t_1} \log \mathrm{nat} \frac{V_1}{V_2},$$

wo Z die Kapazität des zerstreuenden Drahtes, C die Kapazität aller an den Draht angeschlossenen Teile, V_1 die Anfangsspannung zur Zeit t_1 in ESE, V_2 die Schlußspannung zur Zeit t_2 bedeutet.

Außer der positiven und negativen Leitfähigkeit selbst ergibt die Registrierung noch zwei wichtige Größen: das Verhältnis der beiden Leitfähigkeiten und das Produkt aus Leitfähigkeit und Potentialgefälle, also die Intensität der elektrischen Vertikalströmung. Im Mittel ist der Betrag der Leitfähigkeit für Potsdam 1.0×10^{-4} ESE, die Größe des Vertikalstroms 2.4×10^{-16} Amp/cm². Die höchsten Werte des Leitvermögens treten bei klarem Wetter, meistens in den ersten Morgenstunden ein, die tiefsten bei Nebel und starkem Dunst. Das Verhältnis der positiven zur negativen Leitfähigkeit ist durchschnittlich etwas größer als 1; das Verhältnis verkleinert sich unter dem Einflusse der Sonnenstrahlung, wahrscheinlich durch Neuerzeugung negativer Träger infolge lichtelektrischer Wirkung und Reibungsvorgänge an Staubteilchen.

Da die bisherigen Studien ergeben haben, daß für den elektrischen Zustand der unteren Luftschichten auch das Leitvermögen der in den obersten Bodenschichten enthaltenen Luft von Bedeutung ist, so ist auch die Registrierung der **Bodenemanation** in das Arbeitsprogramm aufgenommen worden. Die Methode ist prinzipiell die gleiche wie die oben beschriebene. Im Norden des Wellblechhauses ist in dem Erdboden ein zylinderförmiges Loch von $1^1/_2$ m Tiefe gegraben, dessen Seitenwände mit einem Zinkmantel ausgekleidet sind. In diesen Zylinder ragt ein oben isolierter Kupferdraht frei hinein, der Draht wird in Intervallen von 15 Minuten auf 200 V aufgeladen, und der Abfall dieser Ladung wird, wie vorhin geschildert, von einem BENNDORF-Elektrometer registriert. Die starke Leitfähigkeit der Bodenluft hat sich hierbei bestätigt.

Zur Erforschung des elektrischen Kreislaufs in der Atmosphäre ist schließlich noch die Kenntnis derjenigen Elektrizitätsmengen erforderlich, welche von den Niederschlägen wieder zur Erde zurückgebracht werden. Die **Registrierung der Niederschlags-Elektrizität** erfolgt gleichfalls mit dem BENNDORF-Elektrometer im Wellblechhause. Die Niederschläge gelangen durch eine Öffnung im Dache auf eine Zinkblechschale von 30 cm Durchmesser und 10 cm Höhe, die umgeben ist von einem Zinkblechkonus, der oben ebenfalls 30 cm Öffnung hat und in das Dach so eingefügt ist, daß er nur wenig darüber hinausragt. Um zu verhindern, daß die Schale Ladungen infolge von Schwankungen des äußeren Erdfeldes oder durch Verspritzen von Tropfen erhält, ist um den Konus ein oben offener Drahtkäfig angebracht, und zwar von solcher Höhe, daß Tropfen, die unter einem Winkel von weniger als 30^0 den Rand des Drahtnetzes streifen, nicht in die Auffangschale gelangen können. Um ein Abspritzen der Tropfen an der oberen Kante des Konus noch unwirksamer zu machen, ist schließlich noch über den Konus auf das Dach ein weiterer Konus gesetzt, der 27 cm über den inneren reicht und oben 70 cm, unten 100 cm im Durchmesser hat. Das Auffanggefäß, ebenso wie die Zuleitungen zum Elektrometer sind zur Erzielung eines guten elektrostatischen Schutzes mit Blechhülsen umgeben.

Fällt Niederschlag in das Gefäß, so laden sich Nadel und Zeiger des Elektrometers auf. Alle zwei Minuten wird die Stellung der Nadel durch einen Schlag auf den Zeiger registriert; unmittelbar darauf wird das System geerdet, indem ein in den Stromkreis des Registrierkontakts eingeschalteter Elektromagnet einen mit der Erde verbundenen Bügel so lange gegen das Auffanggefäß drückt, wie der Strom geschlossen bleibt.

Um die Restladung der Elektrometernadel zu beseitigen, die von der Influenzwirkung der Quadrantenpaare auf die Nadel herrührt, wird nach Betätigung des registrierenden und erdenden Kontaktes die Nadel von dem Auffanggefäß abgeschaltet und solange geerdet, bis sie zur Ruhe gekommen ist. Hierzu dient eine von zwei Elektromagneten betätigte wageartige Wippe, deren Querbalken, mit dem Elektrometer verbunden, entweder rechts oder links in einen geerdeten oder in einen mit dem Auffanggefäß verbundenen Quecksilbernapf eintauchen kann. Die hierzu nötigen Stromschlüsse werden durch zwei auf das Kontakträdchen der Elektrometeruhr gesetzte Schleiffedern bewirkt. Das Elektrometer ist durch Zusammenrücken der beiden Aufhängefäden und durch Ladung der Quadranten mit 600 V so empfindlich gemacht, daß 1 mm des Papierstreifens 0.3 bis 0.4 V entsprechen.

Mit der Registrierung der Eigenladung der Niederschläge ist neuerdings eine Aufzeichnung der Intensität des Regenfalls unmittelbar verbunden worden. Die in das Auffanggefäß gefallenen Niederschläge tropfen auf eine federnde Schaufel; dadurch wird nach der Methode von GALLENKAMP (vergl. S. 18) ein Kontakt geschlossen und auf einer Registriertrommel, deren Umdrehung in 2 Minuten 10 mm beträgt, aufgezeichnet. Abgesehen vom Regenanfang, der vom Intensitätsapparat häufig verspätet angegeben wird, lassen sich die Schwankungen der Eigenladung und der Intensität der Niederschläge gut mit einander vergleichen.

Ein beachtenswertes Resultat der Bearbeitung des ersten Registrierjahres (1908) war, daß durchschnittlich die negative Ladung der Niederschläge von der positiven Ladung überwogen wird[1]). Besonders deutlich tritt dies bei Landregen hervor, während Schnee sich ziemlich indifferent verhält. Der Größenordnung nach ist die Stromstärke bei gewöhnlichen Regen und Schneefällen 10^{-16} bis 10^{-15} Amp/cm^2, bei Böen und Gewitter steigt der Wert häufig auf 10^{-14}, ausnahmsweise auf 10^{-13} Amp/cm^2; für größere Ladungen reicht der Registrierbereich allerdings auch nicht mehr aus.

Ein Ausbau der luftelektrischen Registrierungen läßt hoffen, weitere Anhaltspunkte über den Ursprung der Regenelektrizität und weiterhin auch der Gewitterelektrizität zu erhalten, und damit die jetzt noch schmale Brücke zwischen Luftelektrizität und Meteorologie fester auszubauen.

R. Süring.

---

[1]) K. KÄHLER, Ergebnisse der Niederschlagselektrizität zu Potsdam im Jahre 1908. Ergebnisse der Meteor. Beobacht. in Potsdam i. J. 1908. Berlin 1909, S. X—XXII, 1 Tafel.

Das Magnetische Observatorium.

Im Gegensatz zu der großen Mannigfaltigkeit der meteorologischen Erscheinungen, deren Kreis durch den Aufschwung der luftelektrischen Forschung und die eingehendere Beachtung der Strahlungsvorgänge in der letzten Zeit noch wesentlich erweitert worden ist, zeigt das Phänomen des Erdmagnetismus einen durchaus einheitlichen Charakter. Die Aufgabe der Beobachtung erschöpft sich ihm gegenüber nahezu vollständig darin, das magnetische Feld der Erde nach Intensität und Richtung als Funktion des Ortes und der Zeit zu bestimmen. Dazu tritt allerdings noch die Beobachtung der elektrischen Erdströme und der Polarlichter, und es ist wohl möglich, daß die fortschreitende Aufhellung der Beziehungen zu atmosphärischen und solaren Vorgängen der empirischen Forschung einmal noch weitere Aufgaben stellen werde. Bis jetzt ist dies indessen nicht geschehen, und auch jene beiden besonders genannten Erscheinungen kommen für das hiesige Observatorium wenig in Betracht. Soweit seine geographische Lage überhaupt noch Wahrnehmungen von Polarlichtphänomenen gestattet, werden diese durch den Lichtschein der Straßenbeleuchtung in der gerade nördlich in nur 1 km Entfernung vorgelagerten Stadt stark beeinträchtigt. Erdstrombeobachtungen andrerseits sind bei der immer mehr wachsenden Ausdehnung der elektrischen Großbetriebe mit unvollständiger oder mangelnder Isolation gegen die Erde in Kulturländern überhaupt kaum noch möglich, jedenfalls in der Nachbarschaft großer Städte ausgeschlossen.

So einfach indessen das Problem der empirischen Erforschung des Erdmagnetismus an sich ist, so mannigfaltig gestaltet sich doch, besonders in methodischer Hinsicht, seine praktische Bearbeitung. Schon der Umstand, daß fast alle dazu nötigen Arbeiten den Charakter von Präzisionsmessungen tragen, bedingt — ähnlich wie in der Astronomie (im engern Sinne) und in der Geodäsie — eine weitgehende, theoretische wie technische Durchbildung der Beobachtungsmittel und Methoden. Zugleich entspringt daraus die, den laufenden Betrieb eines Observatoriums (und vor allem auch die Tätigkeit seiner wissenschaftlichen Arbeitskräfte) verhältnismäßig stark belastende Notwendigkeit, die Veränderungen im Zustande der Instrumente dauernd scharf zu verfolgen und in Rechnung zu ziehen. Diese Notwendigkeit besteht natürlich auch auf andern Gebieten; sie macht sich aber aus zwei Gründen gerade bei den erdmagnetischen Beobachtungen besonders empfindlich geltend. Einerseits sind verschiedene in die Beobachtungen eingehende Störungen, besonders die Einflüsse der Schwere und der Wärme, in vielen Fällen von gleicher Größenordnung, wie die gesuchten magnetischen Wirkungen selbst. Sie müssen deshalb viel schärfer bestimmt werden, als dies im allgemeinen sonst bei Korrektionsgrößen nötig ist. Andererseits besitzt der magnetische Zustand (besonders das Moment) der benutzten Magnete nicht den Grad zuverlässiger Konstanz, daß man ihn, von seinen gesetzmäßigen Änderungen abgesehen, als Instrumentalkonstante in dem Sinne verwenden könnte, wie es Dimensionen, Massen, Widerstände u. dgl. sind.

Die **Aufgabe des Observatoriums** beschränkt sich daher in der Hauptsache darauf, die Bestimmungsstücke des erdmagnetischen Feldes zu beobachten und die Ergebnisse in einer für die allgemeine theoretische Verwertung möglichst geeigneten Form darzustellen und zu veröffentlichen[1]). Es treten dazu aber in verhältnismäßig großem Umfange Arbeiten methodischer Natur zur Sicherung und Ausbildung der Beobachtungsmittel und als deren Grundlage physikalische Untersuchungen mannigfacher Art, zu denen es allerdings bisher aus äußeren Gründen (u. a. aus Mangel ausreichender geeigneter Räumlichkeiten) kaum gekommen ist.

Eine besondere Hervorhebung unter den Arbeiten des Observatoriums verdienen noch diejenigen, die sich aus seinen lebhaften Beziehungen zu andern Observatorien wie zu zahlreichen auf dem Gebiete des Erdmagnetismus tätigen Forschern ergeben. Dank verschiedenen Umständen, unter denen wohl auch seine günstige zentrale Lage eine Rolle spielt, erfreut es sich alljährlich häufiger, z. T. langdauernder Besuche von Fachgenossen, die ihre Instrumente mit den seinigen zu vergleichen wünschen, wie auch solcher, die sich in erdmagnetischen Beobachtungen ausbilden, oder die hier üblichen Arbeitsmethoden eingehend studieren wollen. Ihren Höhepunkt hat diese Tätigkeit in der Mitwirkung an der Vorbereitung verschiedener Forschungsreisen (der deutschen Südpolarexpedition, der Expeditionen der Herren AMUNDSEN, FILCHNER u. a. m.) gefunden. Dazu tritt in immer steigendem Maße die Untersuchung von magnetischen Instrumenten, die von den hiesigen Mechanikerfirmen für auswärtige Forscher und Institute gebaut werden.

Die Einrichtungen und der Betrieb des Observatoriums mögen nun kurz so geschildert werden, wie sie sich dem Besucher bei einem Rund-

---

[1]) Es geschieht dies in den »Veröffentlichungen des Königlich Preußischen Meteorologischen Instituts« unter dem Sondertitel: »Ergebnisse der Magnetischen Beobachtungen in Potsdam (seit 1908: in Potsdam und Seddin) im Jahre . . . .«. (Im Folgenden zitiert als Erg.). Kurze vorläufige Mitteilungen enthält seit 1907 der im Anfange jedes Jahres erscheinende »Bericht über die Tätigkeit des Kgl. Pr. Met. Instituts«. Hierzu kommen einige besondere Veröffentlichungen, die weiterhin erwähnt sind. Man vgl. ferner: AD. SCHMIDT, Die Magnetischen Observatorien des Preußischen Meteorologischen Instituts. Terrestrial Magnetism, Bd. XII, S. 169. 1907.

gange darstellen. Dieser beginnt am zweckmäßigsten mit dem jetzt als **Variationshaus** bezeichneten Gebäude, das den ältesten Teil der Gesamtanlage überhaupt bildet. Es liegt rund 150 m südlich vom Hauptgebäude inmitten eines kreisförmigen, umfriedeten Platzes von 30 m Durchmesser, der sich an die meteorologische Wiese anschließt.

Der gefällige Bau, dessen Ansicht aus NE Fig. 19 zeigt, ist nach einem von W. von Bezold aufgestellten Programm, das auch die Grundzüge der inneren Einrichtung festlegte, entworfen. Mit der Errichtung, die unter der eingehenden Aufsicht von A. Sprung erfolgte, der insbesondere die Prüfung aller verwendeten Materialien auf Eisenfreiheit durchführte, wurde im Frühjahr 1887 begonnen. Die magnetischen Arbeiten wurden im Herbst 1889, der laufende Betrieb mit dem Anfang des folgenden Jahres von M. Eschenhagen aufgenommen.

Das Haus[1]) besteht aus einem Kellergeschoß mit einem niedrigen, gut durchlüfteten Bodenraum, den ein weit vorspringendes flaches Dach abschließt, so daß die unteren Räume dem Einfluß der Sonnenstrahlung fast ganz entzogen bleiben. Als Baumaterial für den unterirdischen Teil diente Rüdersdorfer Kalkstein, für den oberirdischen Wefenslebener Sandstein, als Bindemittel reiner Kalkmörtel.

Das **Kellergeschoß** (vgl. Fig. 20), dessen Umfassungsmauer 1 m Dicke besitzt, ist zum weiteren Schutz gegen das Eindringen der äußeren Wärmeschwankungen mit einem ringsum laufenden 60 cm breiten Gange und einer zweiten, äußeren Mauer von 80 cm Dicke umgeben. Es zerfällt in zwei Beobachtungsräume, zwischen denen ein kleiner Vorraum liegt, auf den Treppe und Isoliergang münden. Ferner ist von hier aus ein kleiner, niedriger Raum unter dem Treppenpodest zugänglich, in dem ständig ein Reserve-Registrierapparat für gelegentliche Aufzeichnungen bereit steht.

Von den beiden Haupträumen enthält der westliche einen Satz Mascart'scher Variometer von Carpentier und einen nach Eschenhagen's Entwurf von Wanschaff gebauten Registrierapparat mit 4 Walzen — das sogenannte Hauptsystem, Erg. 1890, 91, S. XXXVIII ff. —, der östliche einen Satz Wild-Edelmann'scher Variationsinstrumente zur Ablesung mit Fernrohr und Skala — das Kontrollsystem (ibid.) — und einen Schwingungsapparat.

Mittels Gasheizung wird in beiden Räumen eine nahezu konstante Temperatur unterhalten, die wenige Zehntel um 21^0 schwankt. Im Zusammenhang damit steht eine Entlüftungsanlage, bei der die frische Luft

---

[1]) Eingehende Beschreibungen, Pläne und sonstige nähere Angaben finden sich in: Erg. 1890, 91, S. V ff, ferner in W. v. Bezold: Das Kgl. Met. Institut in Berlin und dessen Observatorium bei Potsdam (Aus: Die Kgl. Observatorien für Astrophysik, Meteorologie und Geodäsie. Berlin 1890) und Saal: Das Magnetische Observatorium auf dem Telegraphenberge bei Potsdam. (Centralblatt der Bauverwaltung, 1889).

Fig. 19. Variationshaus.

durch einen langen unterirdischen Kanal eintritt, dessen Verbindung mit der Außenluft ein Schacht im Walde östlich vom Gebäude vermittelt, während Wandkanäle mit Schornsteinaufsätzen das Wiederabströmen ermöglichen. Es wird dadurch erreicht, daß die relative Feuchtigkeit immer niedrig bleibt. Sie schwankt im allgemeinen zwischen 30 und 60 %.

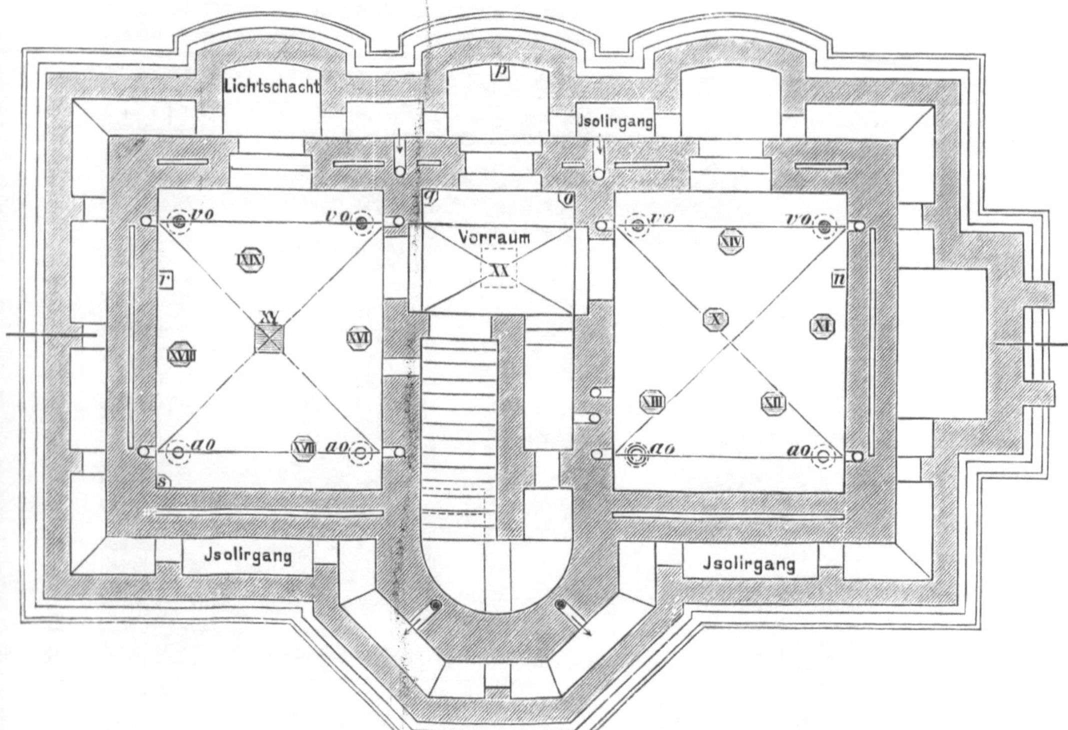

Fig. 20. Grundriß des Variationshauses.

Der große **Hauptregistrierapparat** benutzt als Lichtquelle eine Benzinlampe; im übrigen wird elektrisches Licht verwendet. Der zur Speisung der teils 12-, teils 14-voltigen Lämpchen dienende Wechselstrom wird durch ein Kabel aus der Werkstätte des östlich von der Beobachtungswiese liegenden Dienerhauses zugeleitet. Er wird durch Transformation des 120-voltigen Stroms der Beleuchtungsanlage des Hauptobservatoriums auf rund 16 Volt gewonnen. Zur Sicherung und gleichzeitigen vollen Ausnutzung der verschiedenen Lämpchen ist jedem ein besonderer kleiner regulierbarer Kohlenwiderstand vorgeschaltet. In der Werkstätte befindet sich noch ein Anschluß, durch den der im Hauptgebäude aufgestellten Sammlerbatterie Gleichstrom bis zu einer Stärke von 6 Ampères entnommen werden kann, der zur Magnetisierung benutzt wird.

Über die Instrumente und den laufenden Betrieb ist im einzelnen noch Folgendes zu erwähnen. Im **Hauptsystem** werden die Elemente D,

H, Z — jedes auf einem besonderen Bogen von 55 cm Länge und 19 cm Breite — registriert. Die Zeitabszisse mißt rund 20 mm auf 1 Stunde. In der Ordinate entspricht 1 mm bei H und Z dem Betrage von rund 4 γ, bei D dem von etwa $0'.5$, was bei der üblichen Registrierentfernung von 1.72 m durch zweimalige Reflexion an dem beweglichen Spiegel erreicht wird. Die beiden Fadeninstrumente (für D und H) sind gegenüber der ursprünglichen Einrichtung[1]) wesentlich geändert worden. Sie haben Quarzfadenaufhängung, Dämpfung (mit Rücksicht auf die Störungen durch den Straßenbahnbetrieb) und eine optische Einrichtung erhalten, die es ermöglicht, die registrierenden Lichtpunkte (2 bewegliche und 2 feste bei jedem Instrument) in zweckmäßige Lagen zu bringen, ohne daß dazu Eingriffe in den magnetischen Teil des Variometers nötig sind. Dadurch lassen sich vor allem die durch die Säkularänderung und durch die Momentabnahme im Magnet verursachten Verschiebungen ohne Unterbrechung der Tätigkeit des Instruments aufheben. Näheres über die Umarbeitung des Deklinometers findet man in Erg. 1907, S. 15. Das Ende 1912 statt des bisherigen Bifilars aufgestellte Intensitäts-Unifilar unterscheidet sich von dem Deklinometer nur durch die größere Stärke des Quarzfadens und durch ein zur Temperaturaufzeichnung dienendes BOURDON-Rohr.

Zur Empfindlichkeits-Bestimmung ist jedes Instrument mit einer festen Strombahn versehen, die aus zwei gleichen, zur Mitte des Magnets symmetrischen, konaxialen Kreisen (in vertikaler Ebene für D und H, in horizontaler für Z) besteht. Schaltet man alle drei Systeme hinter einander (in Serie), so bewirkt ein hindurch gesandter Strom i Ablenkungen a, a', a'', die außer von i nur von den Skalenwerten e, e', e'' und von den Feldstärken f, f', f'' abhängen, die der Strom 1 im Zentrum jeder Stromdoppelbahn hervorruft, und die allein von deren Gestalt und Größe abhängig, somit konstant sind. Man hat

$$\mathrm{f}\,\mathrm{i} = \mathrm{a}\,\mathrm{e}, \quad \mathrm{f}'\,\mathrm{i} = \mathrm{a}'\,\mathrm{e}', \quad \mathrm{f}''\,\mathrm{i} = \mathrm{a}''\,\mathrm{e}'',$$

woraus sich

$$\mathrm{e}' = (\mathrm{e}\,\mathrm{f}' : \mathrm{f}) \cdot (\mathrm{a} : \mathrm{a}') = \mathrm{c}' \cdot \mathrm{a} : \mathrm{a}', \quad \mathrm{e}'' = (\mathrm{e}\,\mathrm{f}'' : \mathrm{f}) \cdot (\mathrm{a} : \mathrm{a}') = \mathrm{c}'' \cdot \mathrm{a} : \mathrm{a}''.$$

Darin sind c' und c'', die auf dem bekannten Skalenwert e des Deklinometers beruhen, mit hinreichender Näherung als Konstanten zu betrachten, insofern sie sich nur mit der Horizontalintensität H ändern. Die Stromstärke i ist gleichgültig.

Das Verfahren, das übrigens zuerst bei dem Kontrollsystem eingeführt wurde[2]), ist wesentlich bequemer, als das früher benutzte, das sich

<hr>

[1]) Vgl. E. MASCART, Traité de magnétisme terrestre. Paris 1900. S. 191.

[2]) Vgl. die ausführlichen Angaben darüber in Erg. 1905, S. 22. Als Nebenresultat ist die dabei festgestellte starke Abhängigkeit der Empfindlichkeit der Wage von der Größe des Ausschlags zu erwähnen. Ibid. S. 24, ferner Erg. 1909, S. 21 und Erg. 1910, S. 16.

der Ablenkungen durch einen der Reihe nach an allen drei Instrumenten in entsprechende Lage zur Nadel gebrachten Magnet bediente. Vor allem aber vermeidet es die besonders bei der Wage bedenklichen mit dem Auflegen der Ablenkungsschiene verbundenen Erschütterungen. Es gestattet deshalb auch eine häufigere Vornahme der Skalenwertsbestimmungen, die jetzt monatlich (früher vierteljährlich) erfolgen. Gerade bei der Wage, deren Zustand leicht starken, wechselnden Änderungen ausgesetzt ist, liegt hierin ein wesentlicher Vorteil.

Auch im **Kontrollsystem** werden die Elemente D, H, Z beobachtet. Die drei zugehörigen Fernrohre mit ihren Skalen sind an einer gemeinsamen Säule angebracht, so daß sämtliche Variometer von einem Platze aus unmittelbar nach einander durch denselben Beobachter abgelesen werden können. Die Beleuchtung der transparenten Skalen erfolgt durch ein einziges am Kopfe der Säule inmitten einer Milchglaskugel angebrachtes Lämpchen mit Hülfe von gekrümmten Spiegeln, die aus Neusilberblechstreifen so gebogen sind, daß die ganze Länge der Skalenteilung wirksames Licht erhält. (Zu diesem Zwecke muß jeder Streifen dem Tangentenkegel eines Umdrehungsparaboloids angehören, das seine Brennpunkte in der Lichtquelle und am Spiegel des Magnets hat.) Der Skalenwert der Intensitätsvariometer ist hier rund 3 γ, der des Unifilars 1' auf 1 Skalenteil. Er kann durch Astasierungsmagnete, für die besondere auf die Instrumente aufzusetzende Schienen vorgesehen sind, bequem und sicher vorübergehend geändert werden. Bei D und H ist leicht eine Steigerung der Empfindlichkeit auf das 10-fache zu erreichen.

Wie schon bemerkt, erfolgt auch hier die Skalenwertsbestimmung durch galvanische Ablenkung. Die ursprünglich nur als provisorisch gedachte Einrichtung ist dauernd beibehalten worden, weil sie sich trotz einiger Mängel als ausreichend erwies, und weil die Abstellung des Hauptmangels bei den gegebenen Dimensionen der Variometer und der Pfeiler doch nicht ohne Unzuträglichkeiten möglich gewesen wäre. Dieser liegt darin, daß (außer bei der Wage) das Feld der Doppelkreisströme am Orte der Nadel nicht hinreichend homogen ist, um eine zuverlässige Berechnung der Faktoren f zu gestatten, zumal da die Nadeln ziemlich lang sind und da ihre exakte Lage ohne Demontierung der Instrumente nicht genügend festzustellen ist. Soll das Feld im Zentrum des Systems homogen sein, so muß bekanntlich der Abstand der beiden Kreise von einander ihrem Radius gleich kommen, was sich hier nur durch die Wahl unbequem großer Kreise hätte erreichen lassen. (Auch im Hauptsystem war es nicht möglich.) Es mußte deshalb von einer absoluten Bestimmung der Faktoren c'c" abgesehen werden: diese wurden statt dessen mit Hilfe magnetischer Ablenkungsbeobachtungen ein für allemal relativ bestimmt.

Alle Intensitätsvariometer sind mit Temperaturkompensation versehen und haben, wenn diese auch nicht vollkommen gelungen ist, nur geringe Temperaturkoeffizienten (2 bis 4 γ auf 1^0). Bei der Geringfügigkeit der Schwankungen der Raumtemperatur ist der Einfluß der wechselnden Erwärmung daher unbedeutend. Er wird trotzdem stets in Rechnung gezogen und zwar mit Hilfe der durch Fernrohre bis auf $0.^001$ erfolgenden Ablesung besonderer Instrumentalthermometer.

Alle **absoluten Messungen** werden auf die Instrumente des Kontrollsystems bezogen. Diese werden zu dem Zwecke von einem Hilfsbeobachter auf elektrische Lichtsignale hin immer in dem Augenblick abgelesen, in dem der Hauptbeobachter am absoluten Instrument eine Einstellung vornimmt. Das Kontrollsystem wird außerdem regelmäßig dreimal am Tage (um 8^ha. m., 1^h und 8^hp. m. nach Greenwicher Zeit, nach der im magnetischen Observatorium durchgängig gerechnet wird) abgelesen und mit dem Hauptsystem verglichen, wodurch auch dieses mittelbar auf die absoluten Messungen bezogen und außerdem eine ständige scharfe Kontrolle des Ganges aller Instrumente gewonnen wird[1]). Für die Fadeninstrumente ergibt sich danach die mittlere Unsicherheit des aus einer einzelnen Ablesung gewonnenen Wertes nicht viel größer als die reine Ableseungenauigkeit: bei D zu ungefähr $\pm 0.'1$, bei H zu wesentlich weniger als $\pm 1\,\gamma$. Bei den LLOYD'schen Wagen steigt der Betrag auf rund $\pm 3\,\gamma$, was im Hinblick auf die im allgemeinen mit diesem schwierigen Instrument gemachten Erfahrungen noch als recht günstig gelten darf.

Seit 1909 hängt im Kontrollsystemsraume noch ein Magnet, der dauernd unberührt und vor gröberen mechanischen und magnetischen Einwirkungen geschützt bleibt, und dessen Schwingungsdauer wöchentlich einmal bestimmt wird. Er liefert eine Kontrolle der absoluten Messungen der Horizontalintensität, und die bisher erzielten Resultate zeigen, daß unter Umständen derartige Schwingungsbeobachtungen an kleinen Observatorien einen ausreichenden Ersatz der absoluten Intensitätsbestimmungen bilden könnten.

Auch das als Normaluhr des magnetischen Observatoriums dienende Chronometer EHRLICH 821 ist im Kontrollsystemsraume aufgestellt. Es zeichnet sich durch einen sehr gleichförmigen Gang aus, der durch allwöchentliche Vergleichungen seines Standes mit dem der Normaluhr des Geodätischen Instituts kontrolliert wird. Das Observatorium ist dadurch stets imstande, Zeitpunkte von direkten Beobachtungen bis auf etwa 1 Sekunde absolut zu bestimmen. Die Unsicherheit der den laufenden

---

[1]) Nähere Angaben über die im wesentlichen von ESCHENHAGEN geschaffene Organisation des laufenden Beobachtungsdienstes sind besonders in Erg. 1890, 91, S. XXXVIII ff. und Erg. 1901, S. XXVIII ff. zu finden.

Registrierungen zu entnehmenden Zeitangaben beträgt dagegen wegen der engen Zeitskala gegen 0.3 Minuten.

Das **Erdgeschoß** besteht aus einem kleinen Vorbau und zwei Beobachtungssälen, von denen der kleinere östliche jetzt vorzugsweise als Sammlungsraum für Instrumente, wie für einen Teil des immer mehr anwachsenden Beobachtungsmaterials dient. Der größere westliche Saal wird nur noch zu den absoluten Inklinationsmessungen mittels des Erdinduktors benutzt, während ursprünglich alle absoluten Beobachtungen hier ausgeführt wurden, was natürlich eine, wennschon geringfügige Störung der registrierenden Variometer durch die dabei verwendeten Magnete bedingte.

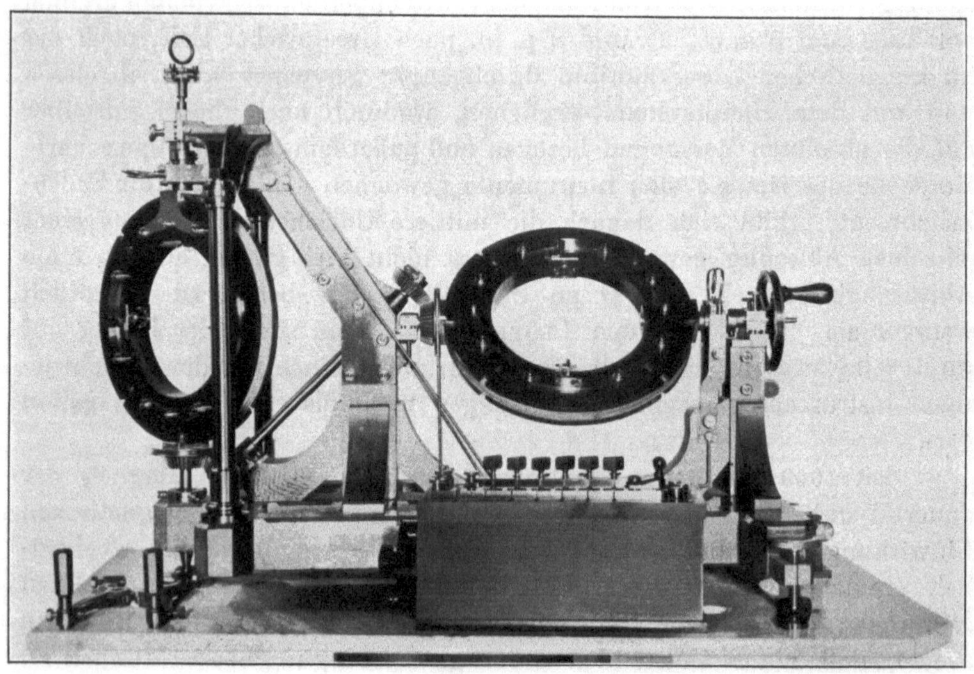

Fig. 21. Erdinduktor nach L. Weber.

Bis 1901 wurden die Messungen der Inklination mit einem BAMBERG-schen Nadelinklinatorium angestellt, das indessen stark schwankende und, wie sich später zeigte, wesentlich zu hohe Werte ergab. Schon von 1897 an wurde deshalb als Normalapparat ein etwas modifizierter Rotationsinduktor nach LEONHARD WEBER[1]) benutzt. Dieses noch jetzt an seinem alten Platze befindliche, in Fig. 21 dargestellte Instrument besteht aus zwei gleichen Drahtspulen, die mit gleicher Winkelgeschwindigkeit um ihre Achsen gedreht werden können, von denen die eine horizontal und

---

[1]) Vgl. L. WEBER in »Sitz.-Ber. d. Akad. d. Wiss.«. Berlin 1885, S. 1105, und Erg. 1901, S. XIX.

im magnetischen Meridian gelegen, die andere vertikal ist. Das Verhältnis der den Komponenten Z und H proportionalen bei der Drehung induzierten Ströme, d. i. die Inklination I, wird durch eine geeignete Kompensationsmethode aus einem nach einigen Versuchen leicht interpolatorisch zu bestimmenden Widerstand gewonnen, für den ein in einen Leitungszweig eingeschaltetes empfindliches Galvanometer stromlos wird. Das Verfahren ist sehr bequem, solange man nicht bei jeder Messung genötigt ist, die Justierung des Instruments zu prüfen und zu berichtigen; es wurde aber aufgegeben, als für die (im Prinzip schon früher von E. Schering und Mascart angegebene) noch einfachere Methode, die Neigung einer Spulenachse bei verschwindender Induktion zu bestimmen, von Wild ein zweckmäßiges Instrument konstruiert worden war[1]).

In Anlehnung hieran ließ M. Eschenhagen ein ähnliches Instrument von G. Schulze bauen (s. Fig. 22), das nach eingehenden Vergleichungen

Fig. 22.   Erdinduktor Schulze nach Wild-Eschenhagen.

mit dem Weber'schen Induktor im Herbst 1901 an dessen Stelle als Normalinklinatorium angenommen und seitdem allein benutzt wurde. Die Beobachtungen damit werden wöchentlich einmal ausgeführt. Später ist noch ein zweites, etwas leichteres Instrument von im übrigen gleicher Einrichtung für Messungen im Felde konstruiert worden.

---

[1]) Vgl. H. Wild, Induktions-Inklinatorium. Met. Ztschr. 1895, S. 41.

Die mit dem Induktor gemachten Erfahrungen dürfen sehr befriedigend genannt werden. Nach O. VENSKE, der auch eine Theorie des Instruments veröffentlicht hat[1]), beträgt der mittlere Fehler einer Messung nur $+ 0.04$, was in Potsdam mit $+ 1.5\,\gamma$ in Z gleichwertig ist.

Der ESCHENHAGEN-SCHULZE'sche Erdinduktor hat eine sehr weite Verbreitung gefunden. Mehr als 20 Exemplare befinden sich an auswärtigen Observatorien im Gebrauch, und alle diese sind mit dem hiesigen durch eingehende Simultanbeobachtungen verglichen worden. Dabei haben sich immer nur geringfügige Differenzen ergeben, in den meisten Fällen solche unter 0.'1. Die Inklination, die noch vor einem Jahrzehnt das am unsichersten zu bestimmende Element war, ist damit wenigstens an den Observatorien dasjenige geworden, bei dessen Bestimmung die größte Einheitlichkeit herrscht.

Ungefähr 90 m südlich vom Variationshaus liegt eine hölzerne Hütte, die **alte Hütte** genannt, mit einigen Pfeilern, in der gelegentliche Registrierungen vorgenommen werden können. Es ist dies u. a. an den Termintagen während der Deutschen Südpolarexpedition und bei Gelegenheit der Sonnenfinsternis am 30. August 1905 geschehen, zu deren Untersuchung das Observatorium auch in der Totalitätszone eine von Dr. NIPPOLDT geleitete Registrier-Station unterhielt[2]).

Wegen der beschränkten Raumverhältnisse des Observatoriums muß die Hütte jetzt als Aufbewahrungsraum benutzt werden. Es lagern darin u. a. die Teile eines zerlegbaren Häuschens für eine **transportable Registrierstation**, die bei der Vermessung von Südwestdeutschland Verwendung gefunden hat.

Bei der Errichtung des Variationshauses war der dafür gewählte Platz in magnetischer Hinsicht einwandsfrei. Die Verhältnisse haben sich aber inzwischen ungünstig geändert. Eine Störungsursache erstand auf dem Observatoriumsgebiete selbst durch die 1899 vollendete Errichtung eines neuen großen Refraktors des Astrophysikalischen Observatoriums, dessen gegen 250 000 kg wiegende Eisenmassen nur 160 m nach SE vom Variationshause entfernt sind. Eine zweite noch viel eingreifendere besteht seit 1907 in dem elektrischen Betrieb auf der Potsdamer Straßenbahn.

---

[1]) O. VENSKE, Ein Verfahren zur Bestimmung der Inklination vermittelst des Induktions-Inklinatoriums. Nachr. d. Kgl. Ges. d. Wiss. zu Göttingen. Math.-phys. Kl. 1909, S. 219. — Vgl. auch eine Mitteilung in K. LUYKEN, Erdmagnetische Ergebnisse der Kerguelen Station. S.-A. aus: Deutsche Südpolar-Expedition 1901—1903. VI. Erdmagnetismus II. S. 162. — Das in Potsdam benutzte Beobachtungsverfahren ist beschrieben in Erg. 1901, S. XXIII. Über die Genauigkeit vgl. Erg. 1911, S. 17 u. 20.

[2]) G. LÜDELING u. A. NIPPOLDT, Die Expedition des Kgl. Preuß. Met. Instituts nach Burgos in Spanien zur Beobachtung der totalen Sonnenfinsternis am 30. August 1905. Abh. d. Kgl. Met. Inst. Bd. II, Nr. 6. Berlin 1908.

Eine Eisenmasse von M Kilogramm kann im allgemeinen als durchaus unbedenklich betrachtet werden, wenn M kleiner als e^3 ist, unter e die in der Einheit 10 m gemessene Entfernung verstanden. Im vorliegenden Falle ist M aber 60 mal so groß, und eigene Beobachtungen haben in der Tat ergeben, daß schon der allein exakt meßbare Einfluß des beweglichen Teils (Drehkuppel und Fernrohr) im Variationshaus reichlich 1 γ ausmacht[1]).

Dank dem Entgegenkommen der Direktion des Astrophysikalischen Observatoriums war es möglich, Vorkehrungen zu treffen, die den störenden Einfluß nahezu unschädlich machen. Die Kuppel wird stets, solange nicht am Refraktor beobachtet wird, insbesondere während der absoluten magnetischen Messungen, in einer bestimmten Stellung gehalten, und während der astronomischen Beobachtungen wird ihre davon abweichende Stellung notiert, so daß die daraus entspringenden Variationen des magnetischen Feldes nötigenfalls berücksichtigt werden können.

Nicht beseitigt wird hierdurch die konstante mittlere Feldänderung. Zur Sicherung der Kontinuität der absoluten Beobachtungen wurde deshalb für diese ein besonderes Haus, gewöhnlich das **absolute Observatorium** genannt, in 280 m Entfernung von dem großen Refraktor errichtet, wo der störende Einfluß nahezu verschwindet. Noch weiter zu gehen, war wegen einer westlich davon vorbeiführenden öffentlichen Straße nicht möglich. Fig. 23 gibt die äußere Ansicht des hölzernen, doppelwandigen Gebäudes, von NE gesehen, Fig. 24 seinen Grundriß. Ausführlich beschrieben ist es in dem für die Jahre 1892—1900 veröffentlichten Ergänzungsband der Ergebnisse[2]). Hier sei nur erwähnt, daß auch in diesem Gebäude Gasheizung vorgesehen ist, so daß bei den regelmäßigen Messungen stets nahezu dieselbe Temperatur benutzt werden kann. Andererseits kann diese aber auch stark variiert werden, wodurch die Möglichkeit der Bestimmung von Temperaturkoeffizienten gegeben ist. Besonders zum Zweck der Untersuchung von Reiseinstrumenten wird davon häufig Gebrauch gemacht. Orientiert ist das Gebäude mit seiner Längsachse nach dem magnetischen Meridian zur Zeit der Erbauung, während das Variationshaus senkrecht zum astronomischen Meridian gerichtet ist.

Die Pfeiler stehen, wie im Kellergeschoß des letzteren, auf einem großen gemeinsamen Betonklotz, der von den Fundamenten des Hauses und dem Schwebefußboden isoliert ist. Im Süden wie im Norden des Hauses befindet sich noch je ein Außenpfeiler, von denen der letztere, mit einem

---

[1]) Vgl. Erg. 1908, S. 17. Der Einfluß der übrigen Kuppeln ist zu vernachlässigen.

[2]) W. Brückmann, Ergebnisse der Magnetischen Beobachtungen in Potsdam. Ergänzungsband zu den Jahrgängen 1892—1900. Berlin 1911.

Fig. 23. Absolutes Observatorium.

Schutzdach versehene, der sogenannte trigonometrische Pfeiler, besonders zu den Anschlußmessungen der Reiseinstrumente gebraucht wird.

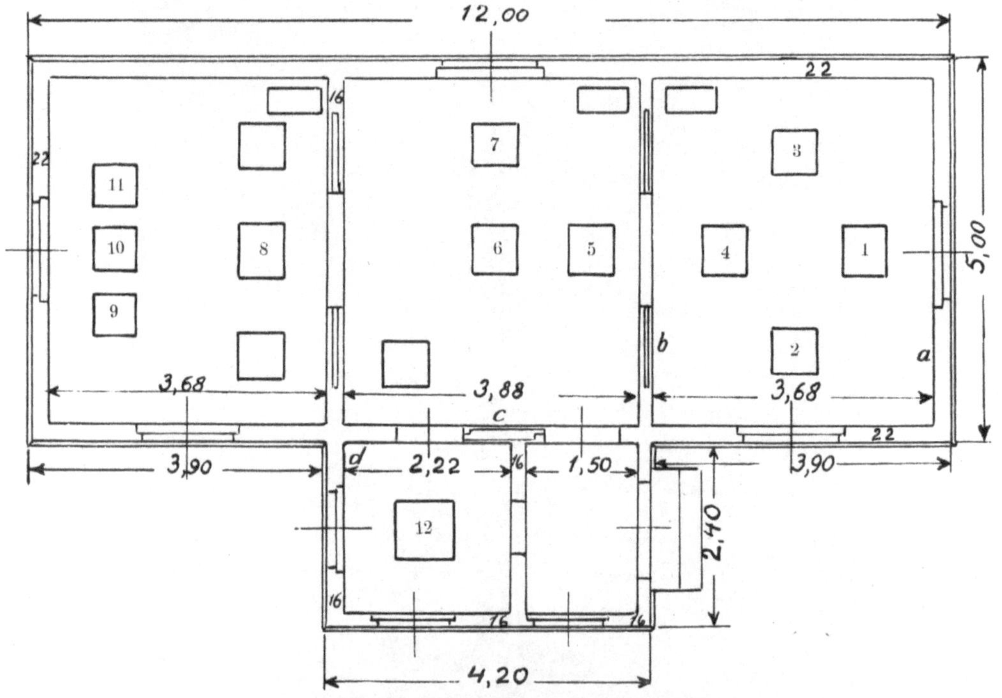

Fig. 24. Grundriß des absoluten Observatoriums.

Das Hauptinstrument des absoluten Observatoriums, in dem seit 1898 die laufenden absoluten Messungen der Deklination und Horizontalintensität (jene jetzt einmal, diese zweimal im Monat, was bei dem zuverlässigen Verhalten der Variometer durchaus genügt) vorgenommen werden, ist der beiden Zwecken dienende Magnettheodolit von Wanschaff mit dem zugehörigen Schwingungskasten (vergl. Fig. 25 und 26). Seine Beschreibung und die Mitteilung der grundlegenden Messungen findet man in dem soeben zitierten Ergänzungsband [1]).

Bei den **Deklinationsmessungen** dient als Hauptmire der auch vom trigonometrischen Pfeiler (und vom früheren Beobachtungspunkte im Variationshause) aus sichtbare, 8 km entfernte Kirchturm von Werder. Dazu kommt für den Fall unsichtigen Wetters ein im Innern des Hauses befindlicher Kollimator. Zum Zweck von Kontrollbeobachtungen ist in der letzten Zeit noch eine Einrichtung geschaffen worden zur Messung der Deklination durch zwei große, unabhängig vom Theodoliten an der Decke aufzuhängende Kollimatormagnete.

---

[1]) Über das Reduktionsverfahren, die dabei benutzten Konstanten, einige Untersuchungen möglicher Fehlerquellen u. dergl. vgl. man besonders Erg. 1905, S. 12 ff.; Erg. 1906, S. 11; Erg. 1909, S. 9; Erg. 1911, S. 10 ff.

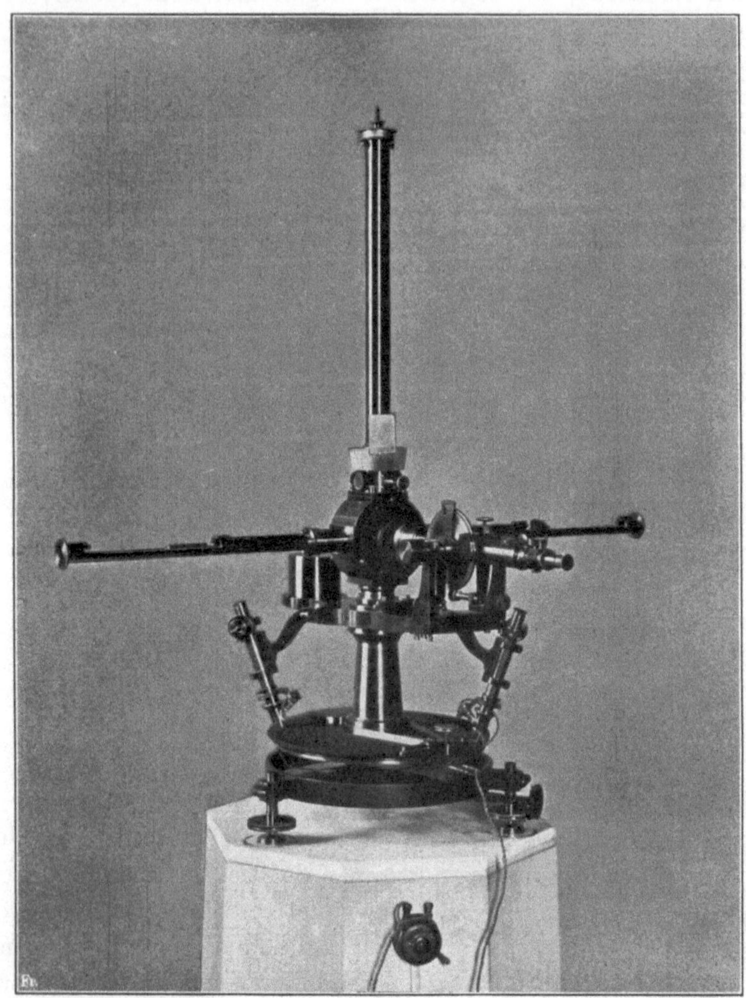

Fig. 25. Theodolit Wanschaff.

Die Messungen der **Horizontalintensität** geschehen nach dem LAMONT-schen Verfahren und abwechselnd mit 2 gleichartigen Magneten. Dabei werden gewöhnlich nur Ablenkungen aus kleinerer Entfernung benutzt und unter der Annahme einer sehr langsamen Änderung des Verteilungsfaktors reduziert. Diese Annahme wird durch regelmäßige, aber seltenere Beobachtungen, bei denen auch Ablenkungen aus größerer Entfernung gemacht werden, ständig geprüft; bisher hat sich eine volle Konstanz des Faktors ergeben. Das Verfahren ist nicht nur einfacher, sondern gibt auch wegen der geringeren Schärfe der Ablenkungen aus großer Entfernung im einzelnen bessere Werte, als das vielfach übliche, jede einzelne Bestimmung auf Ablenkungsbeobachtungen aus beiden Entfernungen zu stützen.

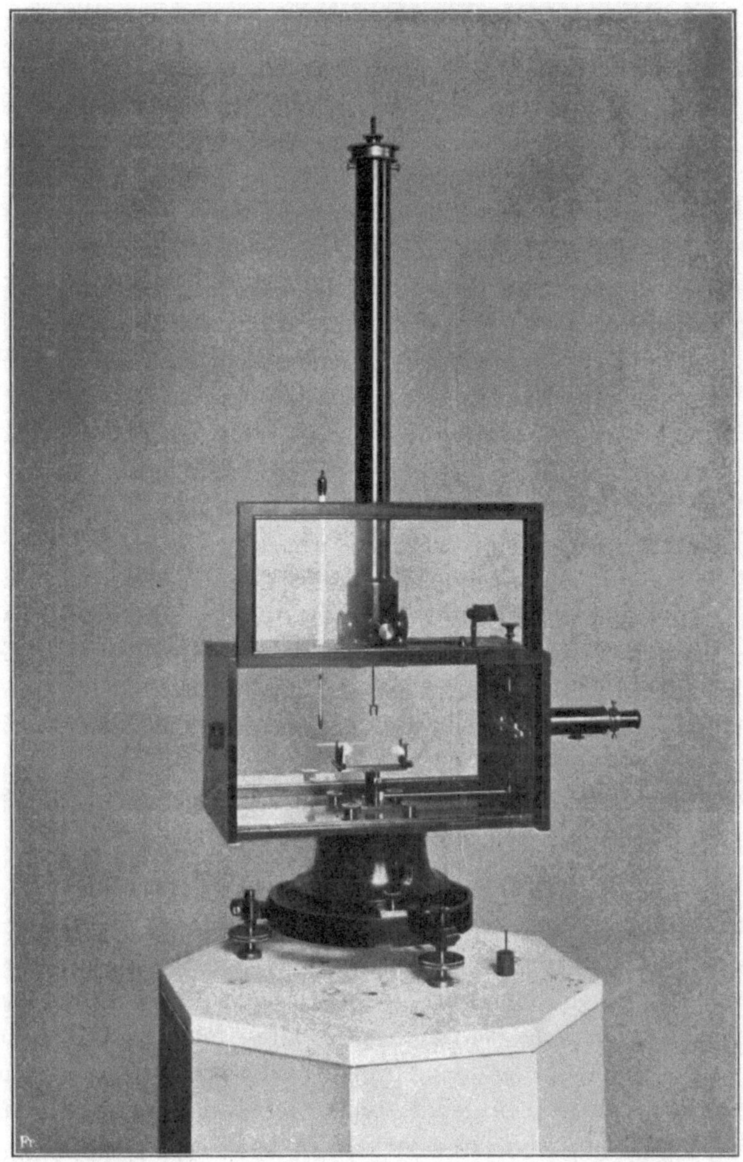

Fig. 26. Schwingungskasten zum Theodolit Wanschaff.

Der mittlere Fehler einer Beobachtuug von D ist rund $\pm 0'.1$, der einer solchen von H $\pm 1.3\ \gamma$. Aus den Vergleichungen mit den Normalinstrumenten anderer Observatorien und des CARNEGIE-Instituts haben sich zur Reduktion der mit den Potsdamer Instrumenten ermittelten absoluten Werte auf den von L. A. BAUER provisorisch angenommenen

Standard die befriedigend kleinen Korrektionen $\Delta D = + 0'.3$ (östlich), $\Delta I = - 0'.3$, $\Delta H = + 0.0002\,H$ ($= + 4\,\gamma$) ergeben [1]).

Das Observatorium besitzt einen zweiten großen, von BAMBERG gebauten Magnettheodolit, der sich durch eine besondere Einrichtung auszeichnet. Außer den beiden üblichen Schienen besitzt er eine dritte, zu jener senkrechte, dem Fernrohr also gegenüberliegende, deren Ende ein drehbares Lager für den Ablenkungsstab trägt. Die Stellung dieses Lagers kann an einem dazu gehörigen Teilkreise scharf (auf $0'.1$) abgelesen werden. Indem man dem Stabe eine Anzahl verschiedener Lagen gibt und in jeder das von ihm dabei auf die Nadel ausgeübte Drehungsmoment durch ihre dabei beobachtete Ablenkung aus dem Meridian mißt, gewinnt man die Möglichkeit, das Potential des Stabes und damit für jede mit ihm beabsichtigte Anwendung den von der Verteilung des Magnetismus abhängigen Faktor mit beliebiger Annäherung zu bestimmen. Da hierüber noch nichts veröffentlicht worden ist, möge das Prinzip der Methode kurz angegeben werden. Mit der Linie, die die Zentren beider Magnete verbindet, bilde die Nadel den Winkel ν, der Stab den Winkel σ. Beide liegen in einer Horizontalebene. Beobachtet wird der Winkel φ, den die Nadel in diesem Falle mit dem magnetischen Meridian einschließt, sobald Gleichgewicht eingetreten ist, und durch hinreichende Variation von ν und σ wird φ als Funktion dieser beiden Winkel dargestellt.

Es sei das Potential des (als regulär vorausgesetzten) Stabes in unmittelbar verständlicher Schreibweise

$$V = M\left(\frac{1}{r^2}\,P_1(\cos\sigma) + \frac{l^2}{r^4}\,P_3(\cos\sigma) + c_1\,\frac{l^4}{r^6}\,P_5(\cos\sigma) + \dots\right)$$

und $r = e$ bezeichne die Entfernung der Mittelpunkte der beiden Magnete. Gesucht werden l (der halbe Polabstand) und die Koeffizienten c_1 usw.

Ist m das Moment der Nadel, die zunächst als Elementarmagnet angenommen werden mag, so ist das auf diese ausgeübte Drehungsmoment in zwei Fällen besonders einfach und sogleich anzugeben, wenn nämlich die Nadel auf e senkrecht steht und wenn sie in die Richtung von e fällt, d. h. wenn $\nu = 90^0$ oder $\nu = 0^0$ ist. Im ersten Falle ist das Drehungsmoment

$$D = -\,m\,\frac{\partial V}{\partial r} = 2\,Mm\left(\frac{1}{e^3}\,P_1(\cos\sigma) + 2\,\frac{l^2}{e^5}\,P_3(\cos\sigma) + 3\,c_1\,\frac{l^4}{e^7}\,P_5(\cos\sigma) + \dots\right)$$

und im zweiten, wenn $\dfrac{\partial P_n(\cos\sigma)}{\partial\sigma} = P'_n(\cos\sigma)$ ist

$$D = -\,m\,\frac{\partial V}{r\,\partial\sigma} = -\,Mm\left(\frac{1}{e^3}\,P'_1(\cos\sigma) + \frac{l^2}{e^5}\,P'_3(\cos\sigma) + c_1\,\frac{l^4}{e^7}\,P'_5(\cos\sigma) + \dots\right).$$

---

[1]) Vgl. die Zusammenstellung von J. A. FLEMING in Terr. Magn. Vol. XVI, S. 160 ff. Aus den weiteren dort gemachten Angaben (S. 162) geht hervor, daß die Differenzen gegenüber dem definitiven internationalen Standard wahrscheinlich noch geringer und praktisch verschwindend sein werden.

Andererseits ist $D = Hm \sin \varphi$. Hat man nun φ für eine Anzahl am besten äquidistanter Werte von σ (z. B. für $\sigma = 0^0$, 30^0, $60^0 \ldots 300^0$) beobachtet, so kann man im ersten Falle (und ähnlich ist es im zweiten) die beobachteten Werte entweder sogleich oder nach der Entwicklung in eine trigonometrische Reihe in der Form darstellen:

$$\sin \omega = A_1 P_1 (\cos \sigma) + A_3 P_3 (\cos \sigma) + A_5 P_5 (\cos \sigma) + \ldots$$

Alsdann ist offenbar

$$\frac{2M}{e^3} = HA_1, \qquad \frac{4Ml^2}{e^5} = HA_3, \qquad c_1 \frac{6Ml^4}{e^7} = HA_5 \ldots$$

und

$$l^2 = e^2 A_3 : 2 A_1 \qquad c_1 = e^4 A_5 : 3 l^4 A_1 \qquad \text{usw.,}$$

womit die Aufgabe gelöst ist. Die beiden Fälle ($\nu = 90^0$ und $\nu = 0^0$) geben also zwei unabhängige, sich gegenseitig kontrollierende Lösungen. Nicht wesentlich anders verhält es sich, wenn die Nadel zwar kein Elementarmagnet ist, aber die Koeffizienten ihres Potentials (d. h. ihr l, c_1 usw.) schon bekannt sind. Ist auch dies nicht der Fall, so muß die Beobachtung bei verschiedenen Werten von ν wiederholt werden, was durch einen verstellbaren Spiegel am Gehänge (dessen Verstellung vermittels Einstellung der unabgelenkten Nadel in den Meridian leicht scharf zu messen ist) ermöglicht wird. Wenn Nadel und Stab von nicht zu verschiedener Stärke sind, empfiehlt sich auch ihre Vertauschung. Zur exakten Durchführung des Verfahrens gehört natürlich die Berücksichtigung der Induktion, der Variation des erdmagnetischen Feldes und der Temperaturschwankungen, unter Umständen auch der translatorischen Einwirkung des Stabs auf die Nadel.

Außer den großen Theodoliten besitzt das Observatorium noch zwei **Reiseinstrumente**: ein Eschenhagen-Tesdorpf'sches, das nachträglich durch einige von Töpfer ausgeführte Umänderungen (unter denen besonders eine Einrichtung, um die Suspensionsröhre quer zur Schiene verschiebbar zu machen, prinzipielle Bedeutung besitzt) verfeinert worden ist, und ein älteres von Hechelmann, mit dem die magnetische Vermessung von Norddeutschland und Südwestdeutschland ausgeführt worden ist.

Von weiteren Apparaten, die im absoluten Observatorium zur Verwendung gelangen oder die dort gewöhnlich aufbewahrt werden, seien noch kurz die folgenden genannt: eine Einrichtung zur Bestimmung der Horizontalintensität nach der Bifilarmethode von Kohlrausch, die sich allerdings dem Lamont'schen Verfahren nicht gleichwertig erwiesen hat; ein Torsionsapparat mit großem, durch Mikroskope ablesbarem Torsionskreis am Fuße der Suspensionsröhre, der zur statischen Messung von Drehungsmomenten durch Fadentorsion oder durch bifilare Aufhängung bestimmt ist; eine Vorrichtung zur Bestimmung des Induktionskoeffizienten von Magneten mittels Induktion in einer Stromspule, die so aus zwei entgegengesetzt durchströmten Windungslagen gebildet ist, daß das Feld im Innern möglichst homogen und außen, besonders am Orte des zur Messung benutzten Unifilars, möglichst klein ist; ferner eine Vorrichtung zur Bestimmung von Temperaturkoeffizienten von Magneten, in der auf deren unveränderliche Lagerung besonderer Wert gelegt ist; dann ein Halbsekundenpendel und ein Chronometer Porthouse 7071, das regelmäßig mit dem Chronometer im Variationshause verglichen wird, und das zu den Schwingungsbeobachtungen dient. Dazu kommen zwei zunächst als Versuchsinstrumente gebaute LLOYD'sche Wagen von besonderer Einrichtung: die eine mit beliebig geneigt einzustellendem Magnet zur Beobachtung der Variation irgend einer Feldkomponente, die andere als transportables Lokal-Variometer ausgebildet.

Erwähnt sei schließlich noch, daß das absolute Observatorium gelegentlich zu Registrierungen, besonders zu solchen, bei denen es sich um Untersuchung von Variometern, Bestimmung ihrer Temperaturkoeffizienten u. dergl. handelt, außerdem aber überhaupt vielfach als **physikalisches Laboratorium** und bei Vergleichsbeobachtungen benutzt wird. Seinem ursprünglichen und hauptsächlichen Zwecke ist dies nicht förderlich; die zu den absoluten Beobachtungen dienenden Instrumente erleiden dabei unausbleiblich manche störende Einwirkungen, ja sind sogar wiederholt durch starke Stöße gefährdet worden. Doch sind ernste Beschädigungen noch immer vermieden worden, und auch die unkontrollierbaren kleinen Zustandsänderungen (wie sie besonders durch starke und wechselnde Erhitzungen bei den Temperaturkoeffizientenbestimmungen zu befürchten sind) haben sich stets in erträglichen Grenzen gehalten. Daß sie aber vorhanden sind, zeigen gelegentlich auffallende Abweichungen einzelner absoluter Messungen, denen es z. B. zuzuschreiben ist, daß der mittlere Fehler der Deklinationsbestimmung, obzwar an sich befriedigend klein, doch wesentlich größer als die eigentliche Beobachtungsungenauigkeit und auch größer als derjenige der Inklinationsmessungen im Variationshause ist.

Länger als die meisten andern magnetischen Observatorien ist das hiesige vor den störenden Einwirkungen des elektrischen Straßenbahnbetriebes geschützt geblieben. Eine kleine elektrische Anlage für den Rangierbetrieb auf dem Bahnhofe bestand allerdings schon seit längerer Zeit; ihr Einfluß war aber bei den laufenden Beobachtungen noch erträglich, und ihre Tätigkeit ruhte auf Grund besonderer Abmachung während solcher Beobachtungen, bei denen die größte erreichbare Schärfe angestrebt werden mußte (wie absolute Messungen, internationale Terminbeobachtungen u. dergl.). Auch als die Stadt Potsdam 1907 auf ihrer Straßenbahn, die 1908 und 1910 noch erweitert wurde, den elektrischen Betrieb mit Gleichstrom und Schienenrückleitung einführte, gelang es, eine von der staatlichen Aufsichtsbehörde sanktionierte Vereinbarung zu treffen, die der Stadt eine möglichst weitgehende Bewegungsfreiheit gewährte und doch die Fortführung der Arbeiten des Observatoriums soweit sicherte, daß es zunächst genügte, die Feinregistrierungen an einen ganz ungestörten Ort zu verlegen. Die Stadt verpflichtete sich, ihre Anlage und ihren Betrieb so einzurichten, daß die Störung durch vagabundierende Ströme am Ort des Observatoriums den Betrag von 1 γ nicht überschreitet und im Staatshaushaltsplan wurden für 1906 die Mittel zur Errichtung einer registrierenden Hilfsstation bereitgestellt.

Die so erreichte Lösung bildete den vorläufigen Abschluß langdauernder Verhandlungen und Untersuchungen[1]) und hat sich durchaus bewährt. Indessen ist jetzt bereits der zulässige Höchstbetrag der Störungen erreicht und es ist kaum zweifelhaft, daß diese bei der unausbleiblichen weiteren Ausdehnung des Straßenbahnnetzes merklich darüber steigen werden. Dann bleibt nichts weiter übrig, als auch die absoluten Messungen nach der Hilfsstation zu verlegen. Sobald dazu durch die nötige Ausgestaltung der dortigen Einrichtungen die Möglichkeit gegeben ist, kann die zulässige Störungsgrenze wesentlich höher gerückt werden, und es kann trotzdem noch ein wichtiger Teil der Tätigkeit des Observatoriums (von der Verarbeitung abgesehen besonders die Untersuchung und die Anschlußmessungen der Reiseinstrumente, die Vergleichungen mit solchen anderer Beobachter, die meisten physikalischen Untersuchungen u. a. m.) weiter in Potsdam erledigt werden. Dieser früher oder später notwendig zu erwartende Zustand gibt eine endgültige Lösung, bei der die vollständige Verlegung des Observatoriums, die in mehrfacher Hinsicht den größten Bedenken begegnet, vermieden wird.

Die **Hilfsstation** wurde im Laufe des Jahres 1906 gebaut und nahm am 1. Januar 1907 die laufende Registrierung auf[2]). Sie liegt rund 12 km südsüdwestlich vom Hauptobservatorium nahe dem Dorfe **Seddin** inmitten eines hochstämmigen Waldes, umschlossen von einer Umzäunung, die einen quadratischen Platz von 160 m Seitenlänge einschließt. Das eigentliche Observatorium, außer dem noch ein steinernes Dienstgebäude vorhanden ist, besteht, wie der Grundriß (Fig. 27) zeigt, aus einem innern doppelwandigen Bau, der von einem Umgang umgeben wird und selbst in zwei Beobachtungsräume und einen Vorraum zerfällt. Der nördliche von jenen enthält die drei zu den laufenden Registrierungen dienenden Hauptvariometer für die Komponenten X, Y, Z und ein Deklinations-

---

[1]) Vgl. darüber: v. Bezold, Über die von den Herren Professor Dr. Eschenhagen und Dr. Edler in Potsdam ausgeführten Untersuchungen über den Einfluß elektrischer Straßenbahnen auf die erdmagnetischen Untersuchungen. Elektrotechnische Zeitschrift 1900, Heft 8, und J. Edler, Untersuchungen des Einflusses der vagabundierenden Ströme elektrischer Straßenbahnen auf erdmagnetische Messungen. Elektrotechnische Zeitschrift 1900, Heft 10.

[2]) Eine ausführliche Beschreibung findet man in Erg. 1908, S. 21 ff.: Das Observatorium bei Seddin.

unifilar für die Skalenwertsbestimmungen. In seiner Ostwand ist der Registrierapparat eingebaut, der vom Vorraum aus bedient wird. Im südlichen Beobachtungsraum ist ein zweites, zu besonderen Zwecken (vor allem zu Aufzeichnungen mit großer Zeitskala) dienendes System aufgestellt, das aus den ersten seinerzeit von ESCHENHAGEN entworfenen, von TÖPFER gebauten Feinmagnetometern und einem von demselben her-

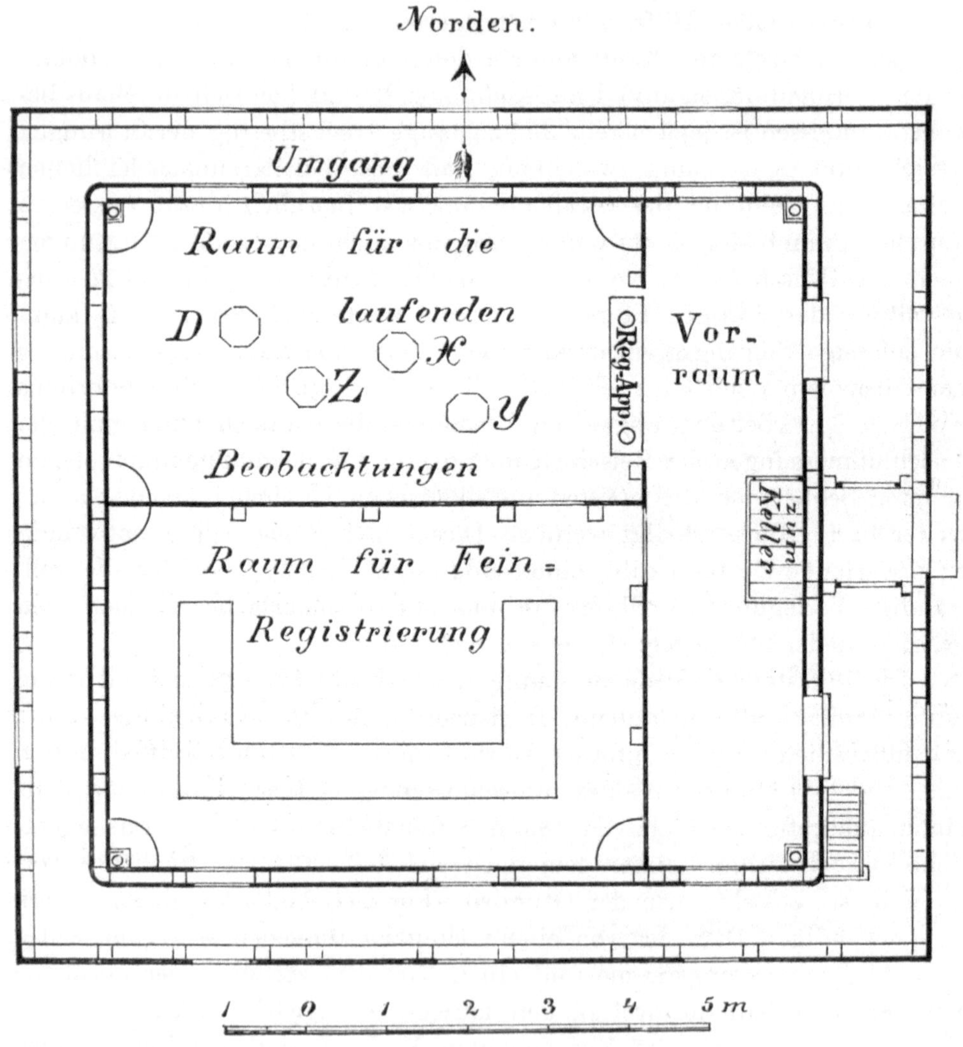

Fig 27. Grundriß des Observatoriums bei Seddin.

rührenden transportablen Registrierapparat mit zwei Umlaufsgeschwindigkeiten besteht. Auch dieser Instrumentensatz, der gegenüber den älteren Typen einen außerordentlichen Fortschritt in bezug auf bequeme Handhabung, Zugänglichkeit aller Teile und sichere Justierbarkeit darstellte, ist ja inzwischen (gleich dem Erdinduktor) von zahlreichen anderen Observatorien angenommen und auf den neueren Polarexpeditionen ganz ausschließlich verwendet worden.

Die im Nordraum arbeitenden, gleichfalls von TÖPFER ausgeführten Instrumente sind a. a. O., S. 26 ff., und ausführlicher in der Zeitschrift für Instrumentenkunde beschrieben[1]).

Es sind zwei Unifilare mit Quarzfäden (s. Fig. 28) für die horizontalen Komponenten X, Y und eine LLOYD'sche Wage (s. Fig. 29) für die vertikale Komponente Z. Durch exakt einstellbare Magnetdeflektoren sind sie gegen Temperaturänderungen kompensierbar und zugleich läßt sich ihre Empfindlichkeit beliebig regeln. Sie wird auf annähernd $2\gamma : \mathrm{mm}$ gehalten. Gleichzeitig erfolgt mit Hilfe schräg zur Drehungsachse gestellter Spiegel eine Nebenregistrierung mit 4 bis 5-mal größerem Skalenwerte zur Verhütung von Verlusten bei der Aufzeichnung sehr starker Störungen. Die Empfindlichkeitsbestimmung geschieht auf galvanischem Wege, natürlich hier mit Benutzung von Ablenkungskreisen, die ein homogenes, leicht genau zu berechnendes Feld geben. Als Zeitmarken dienen feine, über die ganze Breite des Blattes laufende Linien, die durch ein allstündlich einige Sekunden lang aufleuchtendes, in der Höhe des zeichnenden Spiegels angebrachtes elektrisches Lämp-

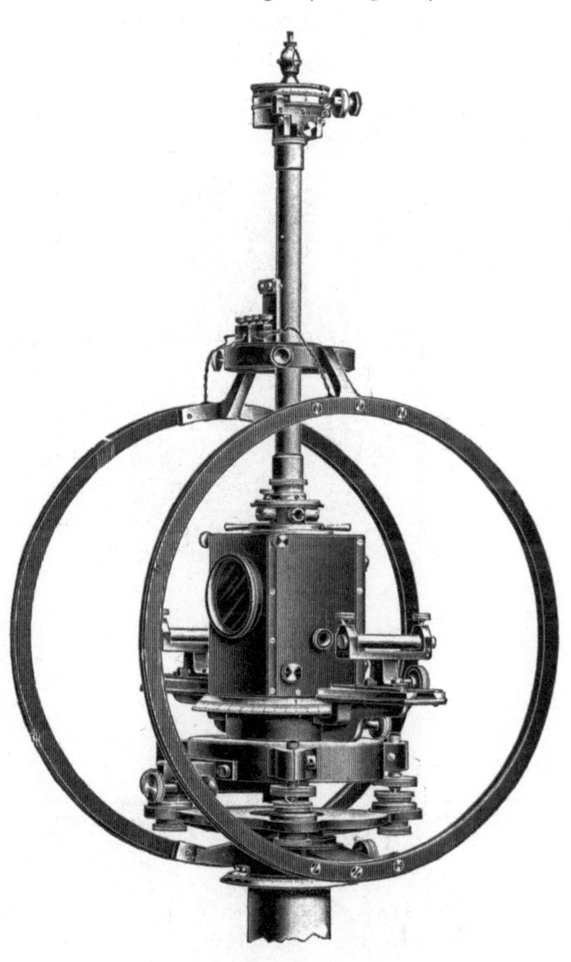

Fig. 28. Unifilar mit Deflektoren.

chen vermöge seiner Abbildung durch die Zylinderlinse entworfen werden. Dieselbe Einrichtung besteht im Südraum. Ausgelöst werden die Lichtsignale durch eine im Dienstgebäude aufgestellte, mit RIEFLER-Pendel versehene

---

[1]) AD. SCHMIDT, Ein neuer Apparat zur photographischen Registrierung und gleichzeitigen Skalenbeobachtung. Ztschr. f. Instr. 1906, S. 269. — DERSELBE, Die magnetischen Variationsinstrumente des Seddiner Observatoriums. ibid. 1907, S. 137.

Uhr (Lenzkirchen), deren Stand durch tägliche telephonische Vergleichung mit der Potsdamer Normaluhr BRÖCKING dauernd kontrolliert und so nahe wie möglich auf Null gehalten wird. Das Observatorium besitzt zu diesem Zweck wie zur Erleichterung des Betriebes überhaupt eine eigene telephonische Verbindung mit dem Hauptgebäude in Potsdam. Die Basiswerte stützen sich, wie schon früher erwähnt, bis jetzt auf die Potsdamer absoluten Messungen. Sie werden durch Vergleichung der an beiden Orten während ruhiger Nachtstunden erhaltenen Aufzeichnungen gewonnen[1]. Als konstante Differenz Seddin-Potsdam ist $\Delta D = -1.'5$, $\Delta I = -3.'0$, $\Delta H = +38\,\gamma$ ermittelt worden[2].

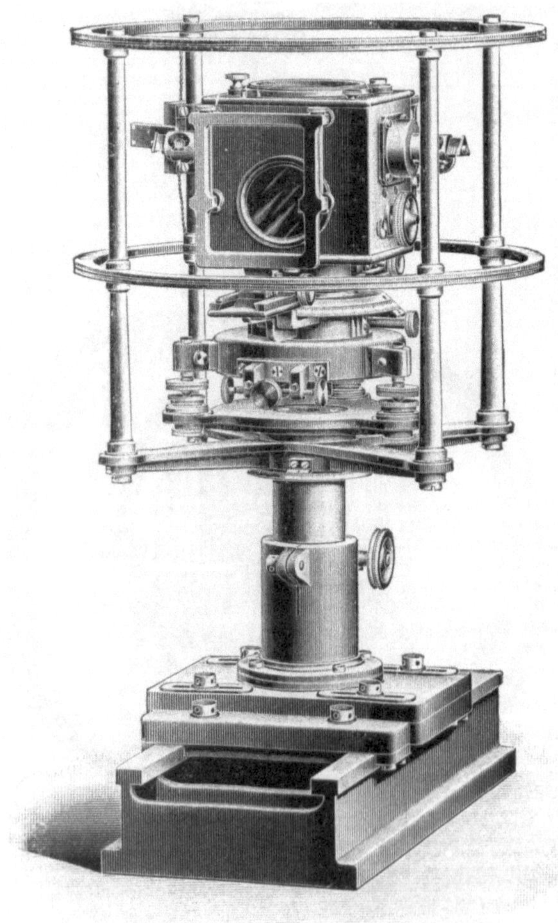

Fig. 29. Lloydsche Wage mit Deflektoren.

Die täglichen Arbeiten (Wechsel des photographischen Papiers, wie in Potsdam um 8 Uhr Vorm. nach Grw. Zeit, Unterhaltung der Lampen, Thermometerablesungen u. a. m.) werden von zwei Forstbeamten erledigt. Zur Beaufsichtigung wie zur Ausführung weiterer Arbeiten wird die Station, die seit ihrer Errichtung der besonderen Leitung von Dr. KÜHL unterstellt gewesen ist, mehrmals im Monat von Beamten des Observatoriums besucht.

Ergänzend ist noch zu bemerken, daß das Beobachtungshaus weder heizbar, noch besonders gegen das Eindringen der äußeren Temperaturschwankungen geschützt ist. Es ist nur durch Abzugsröhren die Möglichkeit vorgesehen, den Kellerraum durch einige Petroleum-

---

[1] Näheres über den laufenden Betrieb, wie über die Bearbeitung der Aufzeichnungen gibt die ausführliche Darstellung von W. KÜHL, Arbeiten und Beobachtungen in Seddin, Erg. 1908, S. 43 ff., sowie desselben Berichte in den folgenden Jahrbüchern.

[2] Vgl. O. VENSKE, Bestimmung der magnetischen Differenz zwischen Potsdam und Seddin. Erg. 1909, S. 19.

lampen etwas zu erwärmen und damit zugleich die Lüftung zu unterstützen. Der jährliche Gang der Temperatur im Innern ist daher gegenüber dem in der freien Luft kaum abgeschwächt, und auch der tägliche ist noch recht merklich; seine Amplitude erreicht im Sommer 3^0. Er wird durch die Temperaturkompensation der Variometer unschädlich gemacht. Durch eine zweckmäßig geregelte Lüftung wird versucht, übermäßige Feuchtigkeit zu verhindern, was im allgemeinen gelungen ist, wennschon die relative Feuchtigkeit um 90 % schwankt, also unerwünscht hoch genannt werden muß. In einigen Fällen ist es, wenn nach einer längeren Frostperiode plötzlich mildes Wetter eintrat, dazu gekommen, daß Gläser und Prismen beschlugen und die Registrierung zeitweise beeinträchtigt wurde. Zum Schutz hiergegen ist eine Einrichtung geschaffen worden, die in solchen Fällen die wärmere, in den fast hermetisch abgeschlossenen Innenraum strömende Außenluft durch Chlorcalcium zu trocknen gestattet.

Durch die im Vorhergehenden geschilderten Einrichtungen ist das Observatorium in den Stand gesetzt, den zeitlichen Verlauf der erdmagnetischen Vorgänge an einem bestimmten einzelnen Punkte dauernd zu verfolgen, wobei übrigens zu bedenken ist, daß die dabei erhaltenen Ergebnisse annähernd auch für alle Punkte eines größeren Gebiets (bei mäßigen Ansprüchen an Genauigkeit für ganz Norddeutschland) zutreffen. Eine zweite Aufgabe ist es nun, für dieses Gebiet auch die räumliche Verteilung der absoluten Mittelwerte der magnetischen Elemente zu bestimmen. Diese außerordentlich umfangreiche Aufgabe gliedert sich sachgemäß in drei Teile: eine einmalige, oder nur nach längeren Zeiträumen zu wiederholende **magnetische Landesaufnahme** mit weitmaschigem Stationsnetz, die eine Gesamtübersicht zu geben bestimmt ist, daran anschließend eine nach und nach immer weiter zu verfeinernde Spezial-Aufnahme der bei jener bemerkten Störungsgebiete und die regelmäßige Wiederholung der Messungen an einigen Säkularstationen, die es ermöglicht, in den Ergebnissen der Hauptaufnahme die örtlich etwas verschiedene, fortschreitende Änderung der erdmagnetischen Kräfte zu berücksichtigen.

Das Observatorium hat die erste Aufgabe erledigt, die dritte in Angriff genommen. In den Jahren 1898—1903 haben M. Eschenhagen und J. Edler (und zwar vorwiegend der letztere, während der Plan und die Vorbereitung von ersterem herrühren) an 265 über Norddeutschland (mit Ausnahme von Sachsen) gleichmäßig verteilten Punkten Deklination, Inklination und Horizontalintensität gemessen. Eine vorläufige, aber doch bereits die endgültigen Resultate enthaltende Darstellung ist in den Abhandlungen des Meteorologischen Instituts erschienen [1]). Die magnetischen Werte sind darin für die Epoche 1901 . 0 und nach vorläufiger Reduktion auch für 1909 . 0 angegeben, die letzteren auch kartographisch (im Maßstab 1 : 2 750 000) dargestellt.

Die norddeutsche Aufnahme wurde 1906 auf die Gebiete von Elsaß-Lothringen, Baden und Hessen mit insgesamt 39 Stationen ausgedehnt[2]). (Die im übrigen Deutschland ausgeführten neueren magnetischen Vermessungen — von Württemberg durch HAUSSMANN 1900, von Bayern durch MESSERSCHMITT 1903—1907, von Sachsen durch GÖLLNITZ 1907 und 1910, sowie eine zweite eingehendere von Hessen durch NIPPOLDT 1910 und 1911 schließen sich in höherem oder geringerem Grade an die Arbeiten des Observatoriums an).

Wiederholungsmessungen werden seit 1911 alljährlich abwechselnd im Westen und Osten des Gesamtgebiets ausgeführt. Es dienen dazu das etwas umgearbeitete Reiseinstrument von HECHELMANN für D und H und ein Erdinduktor für I. Es sind vorläufig 6 annähernd gleichförmig verteilte **Säkularstationen** ausgewählt worden; die endgültige Gestaltung des Programms wird von den zu machenden praktischen Erfahrungen abhängen.

Die Untersuchung der aufgefundenen **Störungsgebiete** hat das Observatorium selbst noch nicht beginnen können. Auf seine Anregung hat sich jedoch die Trigonometrische Abteilung des Generalstabs in dankenswerter Weise bereit finden lassen, bei Gelegenheit der 1905 begonnenen Neuvermessung der Provinzen Ost- und Westpreußen magnetische Deklinationsbeobachtungen an zahlreichen Stationspunkten auszuführen. Durch diese voraussichtlich 1913 zum Abschluß kommende Aufnahme für die die Akademie der Wissenschaften eine größere Anzahl von Instrumenten zur Verfügung gestellt hat, während das Magnetische Observatorium die rechnerische Verarbeitung übernahm, wird das nach Ausdehnung und Intensität der Anomalien bedeutendste Störungsgebiet zunächst wenigstens inbezug auf ein Element erschlossen. Die Ergebnisse der Beobachtungen in der westlichen Hälfte sind in vorläufiger Darstellung bereits veröffentlicht worden[3]); sie geben ein ungemein mannigfaltiges,

<hr>

[1]) AD. SCHMIDT, Magnetische Karten von Norddeutschland für 1909 nach der von M. ESCHENHAGEN und J. EDLER in den Jahren 1898 bis 1903 ausgeführten magnetischen Landesaufnahme des Kgl. Preuß. Met. Instituts. Abhandlungen Bd. III, Nr. 4. Berlin 1910.

[2]) A. NIPPOLDT, Magnetische Karten von Südwestdeutschland für 1909 nach eigenen, im Anschluß an die preußische magnetische Landesaufnahme ausgeführten Messungen. Abh. d. Kgl. Preuß. Met. Inst. Bd. III, Nr. 7. Berlin 1910.

[3]) AD. SCHMIDT, Ergebnisse der von der Trigonometrischen Abteilung des Generalstabs in den Jahren 1905—1908 in dem preußischen Störungsgebiet angestellten Deklinationsmessungen. Bericht über die Tätigkeit des Kgl. Preuß. Met. Inst. im Jahre 1910, S. 159 mit Karte. Berlin 1911.

charakteristisches Bild, für dessen volles Verständnis natürlich die Ergänzung durch die übrigen Elemente nötig ist.

Es bleibt noch einiges über die **Bearbeitung** der Beobachtungen des Observatoriums zu sagen. Die Bureauräume dafür befinden sich im Hauptgebäude des Gesamtobservatoriums. Leitende Grundsätze sind dabei, daß die Bearbeitung stets soweit, wie es sachlich möglich ist, auf dem Laufenden gehalten wird, und daß sie bis ins Einzelne durch durchgreifende Kontrollen gesichert wird. Dies im wesentlichen zu erreichen und durchzuführen, ist allerdings erst allmählich gelungen.

Auch die umfangreichste Arbeit, das Auswerten der Kurven, wird demgemäß zweimal und zwar unabhängig von zwei Personen vorgenommen. Seit 1905 werden dabei nicht mehr, wie früher, die Ordinaten für einzelne Zeitpunkte (zu den vollen Stunden), sondern die Mittelordinaten für die Stundenabschnitte nach einem sehr einfachen Schätzungsverfahren abgelesen, nachdem dessen Genauigkeit durch eingehende Voruntersuchungen festgestellt worden war[1]. Dieses Verfahren hat inzwischen auch anderwärts Eingang gefunden; insbesondere wird es schon fast allgemein bei der Auswertung luftelektrischer Registrierungen verwendet. Auch seine Ausdehnung auf die Schätzung von Tagesmitteln hat sich noch als zulässig erwiesen. Seit 1908 werden diejenigen der Potsdamer Kurven so bestimmt, während die Seddiner stundenweise ausgewertet werden.

Die Ergebnisse der absoluten Messungen, aus denen jeder Beobachter die Basiswerte der Variometer ableitet, werden zunächst einer vorläufigen Ausgleichung unterzogen, auf Grund deren auch die Tagesmittel wie der tägliche Gang im Monatsmittel fortlaufend provisorisch berechnet werden. Die endgültige Ausgleichung (für die sich aus jenen früheren Resultaten eine zweckmäßige Kontrolle ergibt), erfolgt regelmäßig erst einige Zeit nach Ablauf des Jahres und auf Grund des gesamten Materials für diesen Zeitraum und noch einige anschließende Monate. Zeigen die Basiswerte einen sehr regelmäßigen, glatten Verlauf, so kann die definitive Ausgleichung auch schon für kürzere Zeitabschnitte vorgenommen werden, was einen früheren Abschluß der Arbeit ermöglicht. Erwähnt sei noch, daß die Ergebnisse der vorläufigen Bearbeitung alljährlich im Tätigkeitsbericht mitgeteilt werden.

In dem Jahrbuch werden außer einem ausführlichen Text mit genauen Angaben über die Einzelheiten der absoluten Messungen, über die Instrumentalkonstanten u. dgl. die Ergebnisse zunächst in der Form absoluter Werte der drei Komponenten für jede Stunde veröffentlicht. Alles weitere beruht auf diesen Zahlen. Es sind dies Zusammenstellungen

---

[1] Genauere Angaben findet man in Erg. 1905, S. 30 ff. und Tätigkeitsbericht für 1909, S. 142.

über den mittleren täglichen Gang an allen Tagen, wie an den namens der Internationalen Erdmagnetischen Kommission ausgewählten ruhigen Tagen in jedem Monat und zwar sowohl in der Form von Stundenmitteln und von stündlichen Werten, wie auch in der Darstellung durch trigonometrische Reihen. Den Schluß bildet eine graphische Darstellung des Verlaufs der 24-stündigen Mittel von 6 zu 6 Stunden während des ganzen Jahres, seit 1911 unter Ausscheidung des mittleren säkularen Ganges. (Dieser Verlauf, dessen Verteilung über die ganze Erde einen verhältnismäßig einfachen, gesetzmäßigen Charakter zeigt, wird jetzt auch von den Observatorien auf Samoa und in Batavia-Buitenzorg mitgeteilt.)

Seit der großen Störung am 31. Oktober 1903 hat das Observatorium lithographische Kopieen seiner Registrierungen für alle stärkeren Störungen angefertigt und verschickt. Vom Jahre 1908 an werden diese Kopieen mittels eines dafür besonders konstruierten Apparats [1]) auf den international festgesetzten Maßstab (15 mm auf 1 Stunde, 1 mm auf 5 γ) umgezeichnet, und seit 1910 sind sie dem Jahrbuch beigefügt.

Zum Schlusse seien noch die geographischen Koordinaten der beiden Observatorien und die letzten endgültig vorliegenden absoluten Werte nebst den für die nächste Zeit anzunehmenden Beträgen der Säkularänderung der Hauptelemente mitgeteilt [2]).

Potsdam: N. Br.: $52^0\ 23'$, E. Lg.: $13^0\ 4' = 0^h\ 52^m\ 15^s$, Seehöhe 80 m.

Seddin: N. Br.: $52^0\ 17'$, E. Lg.: $13^0\ 1' = 0^h\ 52^m\ \ 2^s$, Seehöhe 45 m.

Jahresmittel für 1911.

Potsdam: $D = 8^0\ 54.'5$ W, $I = 66^0\ 20.'0$, $H = 0.18816$ l'.

Seddin: $D = 8^0\ 55.'8$ W, $I = 66^0\ 17.'0$, $H = 0.18853$ l'.

Die jährliche Änderung beträgt bei der westlichen Deklination rund $-8'$, bei der Horizontalintensität $-12\ \gamma$ und ist bei der Inklination verschwindend.

Ad. Schmidt.

---

[1]) K. Luyken, Der Pantograph für Registrier-Kurven von Ad. Schmidt. Ztschr. f. Instr. 1909, S. 1.

[2]) Eine ausführliche Zusammenstellung und Bearbeitung der Ergebnisse der Beobachtungen liegt bis jetzt für die ersten 10 Jahre vor in: Lüdeling, Ergebnisse zehnjähriger magnetischer Beobachtungen in Potsdam. Abh. des Königl. Preuß. Met. Inst. Bd. I, Nr. 8. Berlin 1901.

Klimatafel von Potsdam, Telegraphenberg (80 m), 1893—1910.

	Luftdruck $H_b = 84.9\,m$	Windgeschwindigkeit $h_a = 41\,m$		Lufttemperatur $h_t = 2.2\,m$				Relative Feuchtigkeit		Dampfdruck
	Tagesmittel [1]	Tagesmittel [1]	größtes Stundenmittel [1]	Tagesmittel [1]	Tagesmittel [2]	absol. Maxim.	absol. Minim.	Tagesmittel [1]	Tagesmittel [2]	Tagesmittel [1]
	mm	m p. s.	m p. s.	°	°	°	°	%	%	mm
Januar .	755.5	6.2	19.3	−1.0	−0.9	10.8	−25.7	88.0	87.1	4.0
Februar .	52.9	6.0	21.9	0.2	0.3	18.0	−18.3	85.2	84.4	4.1
März . . .	51.9	5.8	18.7	3.5	3.5	23.5	−12.1	79.2	78.5	4.7
April . .	52.4	5.4	18.0	7.6	7.5	26.0	− 5.8	72.6	72.1	5.6
Mai . . .	53.3	4.9	14.5	12.5	12.6	31.7	− 1.7	70.1	68.6	7.4
Juni . . .	53.4	4.8	14.6	16.3	16.4	32.5	4.6	70.8	68.8	9.4
Juli . . .	53.1	4.9	15.4	17.4	17.4	35.9	6.5	74.3	73.2	10.7
August .	53.6	5.1	14.7	16.6	16.5	34.3	6.0	75.5	75.2	10.4
Septbr. .	55.2	5.0	15.5	13.2	13.0	34.9	0.5	80.5	79.8	9.0
Oktober .	54.1	5.2	19.6	8.7	8.7	25.8	− 7.6	86.1	84.7	7.4
Novbr. .	54.5	5.6	18.7	3.2	3.3	21.5	−11.5	89.5	88.5	5.3
Dezbr.. .	53.4	5.8	18.9	0.2	0.3	11.7	−19.6	90.6	89.6	4.4
Jahr . . .	753.6	5.4	21.9	8.2	8.2	35.9	−25.7	80.2	79.2	6.9

	Bewölkung			Niederschlag $h_r = 1.3\,m$				Zahl der Tage	
	Tagesmittel [3]	Zahl der heiteren Tage [2]	Zahl der trüben Tage [2]	mittlere Menge [4]	größte Tagesmenge [4]	Zahl der Tage mit >0.1 mm [4]	mit Schnee [4]	mit Gewitter	mit Nebel
				mm	mm				
Januar .	7.2	3.1	17.1	39.3	14.6	18.6	9.0	0.2	5.3
Februar .	7.4	1.7	14.1	37.4	20.2	16.9	9.9	0.1	3.5
März . . .	6.6	4.0	11.6	39.8	25.6	16.4	6.2	0.4	3.1
April . .	6.3	3.3	9.3	35.7	26.5	14.5	2.2	1.4	2.1
Mai . . .	5.9	2.9	8.1	61.0	48.9	14.2	0.4	4.9	2.0
Juni . . .	5.8	3.3	6.7	57.2	32.2	12.4	—	5.9	1.0
Juli . . .	6.2	2.8	9.4	87.7	52.5	15.8	—	6.4	1.6
August .	5.8	2.5	6.6	58.6	39.2	15.1	—	4.8	1.4
Septbr. .	5.6	4.9	7.7	53.7	44.1	13.8	—	2.2	3.7
Oktober .	6.4	3.3	11.4	40.6	24.1	14.4	0.2	0.7	6.5
Novbr. .	7.1	2.2	14.6	42.0	24.3	16.9	3.4	0.1	7.3
Dezbr.. .	7.4	1.8	16.2	38.8	13.6	17.6	6.8	0.1	5.8
Jahr . . .	6.5	36.0	132.8	591.8	52.5	186.7	38.1	27.3	43.3

Bemerkungen: Absolut höchste Temperatur: 35.9° am 16. Juli 1904; absolut niedrigste Temperatur: — 25.7° am 19. Januar 1893. — Größte Tagesmenge des Niederschlags: 52.5 mm am 15. Juli 1901. — Mittlere Jahressumme der Sonnenscheindauer 1589.4 Stunden.

[1] nach 24 Stundenwerten am Tage.   [2] nach 3 Terminen am Tage.
[3] nach 12 Beobachtungen am Tage.   [4] nach direkten Messungen zum Termin 7ⁿ.

Additional material from *Das Meteorologisch-Magnetische Observatorium bei Potsdam,* ISBN 978-3-662-24379-4, is available at http://extras.springer.com